高等职业教育建筑设计类专业精品教材

Architectural Decoration
Engineering Supervision & Regulations

建筑装饰工程
监理与法规

寇 岚 张润智 编著

中国轻工业出版社

图书在版编目（CIP）数据

建筑装饰工程监理与法规 / 寇岚，张润智编著. —
北京：中国轻工业出版社，2020.11
ISBN 978-7-5184-3061-1

Ⅰ. ①建… Ⅱ. ①寇… ②张… Ⅲ. ①建筑装饰—施
工监理 ②建筑装饰—建筑法—法规—中国 Ⅳ. ①TU767
②D922.297

中国版本图书馆CIP数据核字（2020）第114072号

责任编辑：李　红　　责任终审：李建华　　整体设计：锋尚设计
责任校对：吴大鹏　　责任监印：张　可

出版发行：中国轻工业出版社（北京东长安街6号，邮编：100740）
印　　刷：三河市万龙印装有限公司
经　　销：各地新华书店
版　　次：2020年11月第1版第1次印刷
开　　本：889×1194　1/16　印张：12.75
字　　数：300千字
书　　号：ISBN 978-7-5184-3061-1　定价：39.80元
邮购电话：010-65241695
发行电话：010-85119835　传真：85113293
网　　址：http://www.chlip.com.cn
Email：club@chlip.com.cn
如发现图书残缺请与我社邮购联系调换
200082J2X101ZBW

前言

PREFACE

随着现代建筑业的快速发展，人们对建筑装饰日益重视起来，对所处的生活环境与质量要求更高。因此，建筑装饰企业成了装饰活动中的主力军，而建筑装饰工程监理在监督施工过程与保障工程质量的工作中，有着举足轻重的作用。

在建筑装饰施工过程中，工程质量的好坏直接关系到企业的信誉和建筑装饰工程的安全性、美观性及舒适度。因此，需要采用科学的管理方法，通过有效的监督来提高工程质量，使建筑装饰效果达到国家相关法规的要求。建筑装饰监理人员通过与施工人员、设计师的反复沟通，在监督过程中能有效提升工程施工质量，拓展建筑装饰新技术在工程中的应用。

一名合格的建筑装饰工程的监理人员应当是多面手，从工程立项到装饰设计，到材料采购与施工组织，再到整改与组织验收，应当精通全套流程，并对流程中的每个细节了如指掌，除了长期实践外，还需要在理论上不断充实。尤其是随着时代变化发展，装饰材料、施工工艺、法律法规都在不断完善改进，监理人员需要紧跟时代潮流，提高业务素质，同时关注建筑装饰项目中的细节内容，这些就需要监理人员不断学习新知识，满足瞬息万变的市场竞争需求。

本书结合我国建筑装饰工程的相关法律法规，在编写的过程中，将装饰工程的质量控制、进度控制、投资控制三大目标与信息管理、合同管理作为重点内容，分章节全面概述。

第一章介绍了装饰工程监理的概念、主要内容、程序以及相关法规，是初识建筑装饰工程与法规的阶段；第二章对监理企业和监理人员组成等做了详细概述，其中，对组织的监理、监理人员构成、组织协调做了重点概述；第三章讲述了目标控制与安全施工管理，对目标控制的目的、控制方法、控制成果做了详细分析，对安全管理的原则、管理措施、处理手段等分条概述，注重目标控制的成效；第四章是建筑装饰工程质量控制，通过对主要分部分项工程的质量控制，达到控制整体质量的目的，这一控制主要体现在施工阶段、竣工验收阶段的质量控制；第五章是建筑装饰工程进度控制，通过对进度目标的控制、编制进度计划、检查与调整进度计划等，控制整个装饰工程进度实施；第六章是建筑装饰工程投资控制，经济基础决定上层建筑，投资是整个建筑装饰的基础条件，通过投资控制基础造价、工程施工、竣工结算等阶段的费用；第七章主要内容是合同对装饰工程的管理作用，通过讲述装饰工程招投标、工程签证、设计变更、施工索赔等内容，加深对合同管理的认知；第八章主要讲述了装饰工程信息管理，通过信息管理施工资料、监理文件等措施，优化装饰工程监理工作；第九章讲述工程资料的编写，对装饰工程阶段的资料进行多方位介绍；第十章监理综合实训阶段，通过观摩监理工程、编制监理规划、监理实习、书写索赔报告等，认知装饰工程监理的程序与内容。

编者

目录

CONTENTS

1　**001** － **第一章**
建筑装饰工程监理与相关法规

002 － 第一节　什么是建筑装饰工程监理
010 － 第二节　建设项目与建设程序
014 － 第三节　与建筑装饰工程监理有关的法规
018 － 第四节　建立工程监理的意义
019 － 第五节　建筑装饰工程监理的主要内容
023 － ★课后练习

2　**024** － **第二章**
监理企业和监理人员

025 － 第一节　组织的基本原理
027 － 第二节　工程监理单位
034 － 第三节　监理人员
039 － 第四节　建筑装饰工程监理组织协调
041 － ★课后练习

3　**042** － **第三章**
建筑装饰工程目标控制与安全施工管理

043 － 第一节　目标控制概述
047 － 第二节　建筑装饰工程监理目标控制
050 － 第三节　安全生产管理
052 － 第四节　施工现场目标控制
054 － 第五节　安全生产管理监理工作
058 － 第六节　生产安全事故的处理
060 － ★课后练习

4 **061** - 第四章
建筑装饰工程质量控制

062 - 第一节 建筑装饰工程质量与质量控制
065 - 第二节 建筑装饰工程施工阶段质量控制
069 - 第三节 建筑装饰工程施工质量验收
071 - 第四节 主要分部、分项工程施工质量控制
089 - ★课后练习

5 **090** - 第五章
建筑装饰工程进度控制

091 - 第一节 建筑装饰工程进度控制概述
094 - 第二节 确定施工阶段进度控制目标
095 - 第三节 施工阶段进度控制的内容
096 - 第四节 施工进度计划的编制
098 - 第五节 施工进度计划实施中的检查与调整
100 - 第六节 实际进度监测与调整
102 - ★课后练习

6 **103** - 第六章
建筑装饰工程投资控制

104 - 第一节 建筑装饰工程投资控制概述
108 - 第二节 建筑装饰工程造价基础
110 - 第三节 建筑装饰工程主要费用构成
113 - 第四节 建筑装饰工程施工阶段投资控制
119 - 第五节 建筑装饰工程竣工决算
126 - ★课后练习

7 127 - 第七章
建筑装饰工程合同管理

128 - 第一节 建设工程合同概述
132 - 第二节 建筑装饰工程监理招标
138 - 第三节 建筑装饰工程监理合同管理
141 - 第四节 建筑装饰监理合同管理工作
144 - 第五节 工程签证与设计变更
148 - 第六节 施工索赔
153 - 第七节 反索赔
156 - ★课后练习

 157 - 第八章
建筑装饰工程信息管理

158 - 第一节 工程信息管理
163 - 第二节 监理文件档案资料管理
167 - ★课后练习

9 168 - 第九章
建筑装饰工程资料编写

169 - 第一节 项目监理规划性文件
173 - 第二节 监理日志
175 - 第三节 建筑装饰工程监理工作总结
177 - 第四节 会议纪要
178 - 第五节 建筑装饰分部工程施工形成的资料
182 - ★课后练习

183 – **第十章**
监理综合实训

184 – 第一节 现场观摩监理工作

186 – 第二节 监理实习

188 – 第三节 编制建筑装饰工程监理规划

192 – 第四节 索赔报告书写

194 – ★课后练习

195 – 参考文献

第一章
建筑装饰工程监理与相关法规

若扫码失败请使用浏览器
或其他应用重新扫码！

PPT 课件
（扫码下载）

» 学习难度：★ ☆ ☆ ☆ ☆

» 重点概念：建设程序、作用、概念、投资效益、要求

» 章节导读：建筑装饰工程监理是监管工程质量的好帮手，在建筑施工阶段，监理的主要工作是对质量、进度、投资这三方面的控制，主要对建筑装饰工程起到监督、管理、控制的作用，避免施工中出现偷工减料、与图纸不符合等施工乱象，能够有效保证施工质量与施工顺利完成。

第一节　什么是建筑装饰工程监理

一、工程建设监理基本概念

1. 监理

"监理"是外来词汇，在我国目前尚无明确定义，但在理解上有名词或动词双重意义，视其具体用处而定。直接理解为"监督管理"也可以，由于"管理"含有立法职能，而"监理"则偏重于执法。全面表述"监理"的含义可为：执行者（机构）依照某项准则，对某种行为的实施者进行监督管理，使其行为符合准则，达到预期目标。这是目前对监理的理解。

由此可知，监理活动的实现，需具备两方面的主体：一是监理的执行者；二是监理行为的实施者，即为监理者。

2. 建设监理

根据监理概念可知，建设监理也是监督管理的一种，主要针对工程项目的建设而言。可简言表述为：建设监理是监理企业（监理工程师）接受建设单位的委托与授权，对工程建设参与者的行为进行监督管理，约束其行为，使之符合国家的法律、法规、技术标准，制止建设行为的随意性、盲目性，达到建设单位对该项目的投资、进度和质量的预定目标。

因此，建设监理的执行者是监理企业（监理工程师），从宏观角度来看，被监理者是项目建设的参与各方，含勘察设计、施工、供应等单位，视建设单位委托和授权监理的范围和内容，来确定具体的被监理方，监理企业（监理工程师）只能在授权范围内监理。

值得注意的是，监理的对象实质是参与建设各方的行为，而不是参与者本人。监理时间应与监理范围相应的建设过程，也就是与建设开始到结束的这一建设过程相一致。

3. 监理依据

（1）国家和各级政府主管部门批准与该项目建设相关的法律文件，含立项、规划、勘察、设计、施工、供货等各阶段的政府批件。

（2）相关的合同。

（3）设计图纸及说明。

（4）技术标准。

（5）施工及验收规范。

（6）政府主管部门制定的各种相关方针、政策、法规和规定。

监理的目的是约束建设参与各方的行为，避免随意性和盲目性，以求在计划时段内达到建设单位预期的最大经济效益和质量标准，具体说来就是实现建设单位（也可称为业主、建设方）预期的投资、进度和质量三大目标。

R 补充要点

建设单位、施工单位、监理单位

建设单位是出资金的单位。

施工单位，是与建设单位签订施工合同，并通过施工为建设单位提供质量合格的工程的单位。

监理单位，是受建设单位委托，为建设单位工程提供咨询服务，并通过监理行为监督工程质量的单位。虽受建设单位委托，但其中立于施工和建设两个单位之间，所以其应兼顾各方的利益。

在施工中如发生伤亡和质量事故，应根据造成事故的原因判断事故责任的归属。根据《中华人民共和国民法通则》的规定精神及此类案件的特点，对各方责任的划分一般应适用过错责任并辅之以公平原则。结合实际情况，考虑案件的社会效果，应尽量由多方分担责任，不宜将责任过分集中在某一方身上。

二、工程建设监理的性质

工程建设监理的含义十分广泛，可理解为一种新的体制，也可以理解为一种行业或一种建设活动，现从后两者角度认识，它是从事监理活动的行业，由各个监理企业（国有、集体或有限责任公司的企业，或科研、教学、设计单位的分支下属部门）组成，这些单位与从事建设活动的其他行业相比较，有显著的特殊性，因此，工程建设监理具有以下几个方面的性质（图1-1）。

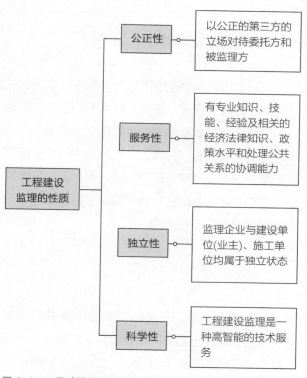

图 1-1　工程建设监理的性质

1. 公正性

由于监理企业处在建设活动的三方当事人（建设单位、施工单位、监理单位）之间的第三方地位，从其自身所处位置、建设行业的有关要求，决定了监理企业必须具有公平、公正的性质，在建设装饰工程中发挥自身的监督管理功能。

（1）建设监理制对监理的约束条件是必须做到"公正地证明、决定或行使自己的处理权"。因为建设监理制的实施（仅以施工监理为例）使监理企业（工程师）在项目建设中具有一定的约束施工单位的权力，同时在重大事项上对建设单位也具有一定的建议权，在实施过程中与施工单位的直接接触，也使其有与施工单位共事的机会，为了保证工程项目建设环境的安定和协调，为投资者和承包商提供公平、公正的市场氛围，监理企业必须以公正的第三方立场对待委托方和被监理方，既要竭诚地为建设单位（业主）服务，又要维护被监理方的合法权益，为完善和培育建筑市场的均衡发展，为推动监理业的健康成长并与国际接轨尽职尽责。

（2）由于承包商、供应商必须接受监理企业（工程师）的监督管理，故更迫切地要求监理方具有公正性，要主持公道，办事公正，依法处理各方事宜和纠纷。

（3）公正性不仅是工程建设监理的性质，也是社会公认的职业准则，对于涉足监理工作的人来说更显重要，必须牢记并贯彻这项准则。

Ⓡ **补充要点**

工程建设监理制

工程建设监理制是指受项目法人委托所进行的工程项目建设管理。具体是指具有法人资格的监理单位受建设单位的委托，依据有关工程建设的法律、法规、项目批准文件、监理合同及其他工程建设合同，对工程建设实施的投资、工程质量和建设工期进行控制的监督管理。

在工程建设过程中，监理工程师作为工程建设合同的管理者和工程现场施工的管理者，承担工程质量目标、工程进度目标、合同支付目标等合同目标控制的检查、监督和管理责任。在工程建设合同履行过程中，监理工程师作为项目法人与工程承建单位之间合同关系的协调人，以独立的判断公正地协调双方的合同争议。

2．服务性

在建筑装饰工程实施过程中，监理企业（工程师）利用所具备的工程建设专业知识、技能、经验，相关的经济法律知识、政策水平和处理公共关系的协调能力，为建设单位提供优质化的服务，满足其对工程项目管理的需要。

值得注意的是，监理企业只为建设单位提供高智能的技术服务，不参与装饰工程项目的生产活动，这是区别于施工设计单位的地方，它不是有形的产品，只是在产品形成过程中，投入了智力劳动，能使产品形成得更好，更能达到建设单位的预期目标。因此，工程建筑监理的服务性决定了监理企业必然要获得一定的报酬，即收取一定的监理费用，实行有偿服务。

3．独立性

建设监理是一个独立的行业，监理企业与建设单位（业主）、施工单位组成了工程项目的"三方当事人"，在建筑装饰中属于独立的主体，虽然监理企业必须经过建设单位的委托和授权才能介入项目的管理活动，但其工作内容及所运用的理论、手段、方法，都与建筑领域内的其他行业不同，具有自身的专业性，必须由专门人员从事工作；又由于它在项目建设中的地位及作用与构成关系，它必须与设计、施工、供货单位有明显的界线，不得有任何横向的联合或纵向的隶属经营关系，故工程建设监理具有独立性，必须独立地开展工作。

4．科学性

工程建设监理是一种高智能的技术服务，由此决定了它必然具有科学性，监理企业（工程师）协助建设单位实现对项目的投资、质量、进度的目标为主要任务。面对日趋规模庞大、功能齐全、建筑装饰装修完善的建筑工程，一些新材料、新工艺、新技术不断涌现的装饰市场，以及建设单位众多，监管市场尚不完善、各方关系相互制约的环境中。因此，监理企业必须以达到建设单位的预定目标，以维护国家利益、社会公共利益为天职，用科学的态度和方法、现代化的管理手段和措施，利用专业知识和技能，借鉴丰富的经验和做法，排除干扰，灵活应变，创造性地开展工作。

综上所述，监理工作的内容、环境及服务对象和国家利益的性质，决定了建设监理活动必须遵循科学性的准则。

三、监理实施的前提

建设监理的实施是针对每一个具体的建设项目进行的，因此，建设项目是监理实施的载体，实施的前提是必须接受建设单位的委托。只有与建设单位订立书面委托监理合同，并在合同中明确了监理的范围、内容、权利、义务、责任等，工程监理单位才能在规定的范围内对施工单位进行监督管理，合法地开展建设工程监理。

四、建设监理工作范围

任何建筑装饰工程项目的建成投入使用，都需要一定的资金和工期，而项目建成的总投资、实际工期、成品的质量是否与建设单位所计划的目标一致；是否存在偏差，这些偏差是否在建设单位预期的范围之内；如何使建设项目在计划的投资、进度和质量目标内实现，是个十分复杂的动态变化，是需要进行控制的问题，这就是社会化、专业化的工程建设监理企业协助建设单位应完成的任务，也就是建设监理的目的。

1. 施工准备阶段工作内容（表1-1）

表1-1 施工准备阶段工作内容

序号	内容
1	建立明确的项目组织机构和建立健全、严格的规章制度；明确总监、总监代表和监理人员的岗位职责、分工，向建设单位递交总监授权书及向总监代表书面授权；建立与建设单位正常的工作联系渠道
2	按监理合同规定配备齐全监理设施，各种检测、测量设施和仪器，监理人员按投标承诺到位
3	组织监理人员熟悉工程承包合同文件，进行施工现场调查，对沿线地形、地物、水文地质情况全面掌握
4	审核并熟悉合同段内的设计图纸、说明及文件，并将发现的问题和处置建议报建设单位；参加同建设方主持，由监理组织的交桩和设计交底工作，设计技术交底会会议纪要由监理出具，会审记录由各方确认；审查施工承包商提交的复测资料，沿线测量标志复核无误
5	根据施工承包合同审查承包商现场项目管理机构的质量管理体系、技术管理体系和质量保证体系，核实进场项目负责人、技术负责人、主要管理人员的资格及到位情况；审查承包商工程分包单位的资质证书、营业执照、安全生产许可证及有关资料，审查其分包合同，认证其可行后，由总监审核并报建设单位审批；配合建设单位审批承包人总体实施性施工计划、施工机械、施工方案及施工工艺、安全方案、审定施工现场总平面布置图
6	主持审核承包商的总体实施性施工组织设计及安全保证措施，无重大难点或特殊的工程，一般由总监审批后实施，并报建设单位备案；按监理部制定的监理工作制度的规定，做好测量、量测工作的业务协调与管理
7	参加建设单位主持召开的第一次工地会议，并负责起草会议纪要
8	审查承包商工地试验室的情况和其试验的合法性，审核其人员资质；审批承包商拟在工程使用的原材料的来源、数量和质量，并进行检验；审查承包商为工程配备的施工机械（包括料场）是否满足工程施工的要求；审批承包商的混合料配合比设计和试验结果；审查承包商开工申请报告，对工程开工前的各项准备工作进行全面的检查；审查拟开工项目施工方案和技术措施；检查、核验承包商的放样和测量数据；如准备工作已达到要求，按规定程序发布开工令，批准单项工程开工报告

2. 施工阶段工作内容（表1-2）

表1-2 施工阶段工作内容

序号	内容
1	建立监理的检测工作体系，按照规定频率独立开展监理的检测工作。对施工单位在施工过程中报送的施工测量放线结果进行复验和确认，并按建设单位有关地铁测量管理规定执行
2	审核承包商进入工地拟用于本工程的原材料、成套设备的品质以及工艺试验和标准试验，见证取样
3	审查承包商用于本工程的机械装备的性能与数量是否满足技术规范规定的工程质量标准的要求
4	审查承包商实施本工程的施工方案及主要方法或工艺是否符合技术规范的规定，是否按开工前监理工程师批准的施工方案进行施工。检查施工中所使用的原材料，混合料是否符合经批准的原材料的质量标准和混合料的配合比要求
5	要求承包商按照合同条件、国家有关的工程技术规范、标准和规程及监理程序进行施工；通过旁站、巡视、检测、试验和对每道工序完工后进行严格的质量验收、整体验收，合格后才能允许进行下道工序等，全面监督、检查和控制工程质量。按建设单位发布的有关管理办法和监理工作制度建立计划、统计、验工计价和报表制度的有关规定，履行其相关职责
6	审核承包商申报的年、季、月施工计划是否适应工程项目和实际情况，是否满足建设单位提出的施工进度要求，签署意见后报建设单位批准；监督工程进度，定期检查承包商的工程进度计划，审查承包商的月、季报所报工程完成情况，当工程进度偏离总体施工计划，及时提出调整意见，并向建设单位汇报；认真做好工程质量、进度、投资的预控制、过程控制和最终验收控制及其事故自理；发现和预测在施工中可能缺陷的工艺或材料，及时提前发布预防和修补这些缺陷的指示。协助建设单位对设计进度提出要求（需图计划），对出图质量提出意见
7	监理部每月主持召开监理例会、进度检查会，分别就施工进度和施工质量进行分析评述；并根据承包商提出的施工活动计划，安排监理人员进行监督、工序检查、抽样试验、测量验收、计量测算、缺陷处理等施工监理工作；如有特殊情况，由总监理工程师或总监代表决定召开临时监理会议，研究解决办法，调查、处理工程质量缺陷和事故；出现重大质量事故时，督促承包商按规定上报有关部门

续表

序号	内容
8	对需要返工处理或加固补强的质量事故，责定施工单位报送质量事故调查报告和经设计单位等相关单位认可的处理方案；对质量事故的处理过程和结果进行跟踪检查和验收，并及时向建设单位提交有关质量事故的书面报告，将完整的质量事故处理记录整理归档；要求施工单位按时上报真实可靠的监控量
9	协调建设单位与承包商之间的有关争议，协调承包商与设计单位，有关厂家和检验单位的关系。处理索赔与合理争议的调解，根据合同规定处理违约事件
10	按建设单位发布有关管理办法和监理工作制度建立计划、统计、验工计价和报表制度的有关规定，履行其相关职责；负责分项工程、隐蔽工程检查、验收和签证；对承包商的交工申请进行评估，组织单位工程竣工预验收；签署工程竣工报验单，提交工程质量评估报告；参加建设单位的工程竣工验收；审查工程结算
11	按有关地方规定、条例以及建设单位对安全文明施工生产的要求，对整个施工过程的安全文明施工进行检查督促，对发现的施工安全隐患、施工扰民问题要求施工单位进行彻底整改，并定期向建设单位书面报告所监理标段的安全文明施工生产情况；及时向施工单位发出有关工程施工的监理通知，并要求施工单位回复对监理通知内容要求事项的落实情况。监理通知及时报告建设单位
12	督促承包商按建设单位要求整理合同文件、技术资料、档案材料；及时做好竣工文件；资料整理归档，最后移交建设单位
13	编制监理工作月报、季报和年报，建立单位工程项目监理日志，按标准要求检查落实；按建设单位计算机管理系统的要求，建立计算机管理网络，做到所有资料、文件电子化
14	完成建设单位交办的监理任务和义务相关的其他事项，工程竣工时向建设单位提交监理报告

3. 竣工后工作内容（表1-3）

表1-3   竣工后工作内容

序号	内容
1	移交工证书签发后在缺陷责任期内，要求承包人要完成在移交证书中指明的当时尚未完毕的工程；完成在移交证书中指明的已完工程中存在的某些缺陷的修补；进行修补或重建因承包人原因出现的工程缺陷；应继续完成不合格需重建、修补缺陷的工程，直到监理工程师和建设单位验收合格
2	定期检查承包商剩余工程计划的实施，并视工程具体情况，建议承包商对剩余工程计划进行调整
3	监督承包商认真执行缺陷责任期的工作计划，检查和验收剩余工程；对已交工工程出现的工程质量缺陷、病害，会同有关部门进行调查、分析其原因并确定责任归属
4	监督工程保修，对修补缺陷的项目进行检查，及时发现问题，组织有缺陷项目的修补、修复或重建工作；抓好每个环节的质量控制，直至达到规定的质量标准

五、建筑装饰工程监理的重要性

1. 装饰工程设计需要监理

建筑装饰工程更注重艺术性，它能直接反映出人们对生活环境质量的追求与向往，以及业主对建筑装饰的个性化需求，而业主往往对建筑装饰工程只有一个模糊的意向，这时候就需要建筑装饰设计师从美学、环境、技术、材料、工艺等进行全方位的综合构思、设计，通过施工人员在装饰装修过程中实现。

因此，在建筑装饰工程中监理人员的介入十分必要，他们可以作为建筑设计师和业主之间沟通的桥梁，起到沟通协调的作用，有利于业主的意向变为现实。

具体说来，监理工程师将协助建设单位做好以下工作：

（1）编写设计要求文件。任何一个建筑装饰装修工程在委托设计（有时与施工是同一单位）前，都应把建设单位的要求写成书面文件，即编写设计任务书，要写明项目的性质、规模、用途、装饰装修标准、具体做法和材料、构配件的选择等，以达到实现建设单位对装饰装修工程总效果的意图。必须有专业的监理人员帮助建设单位以书面形式确定下来，并交与设计人员，既作为今后项目的设计依据，也是建设单位验收图纸的依据。

（2）做好资金计划。建筑装饰工程的标准无统一规定，而设计构思的艺术性与现实之间更难以统一标准。尤其是在材料、构配件的造型、产地、计价等方面，由于种类繁多，同一型号、同一产地的材料价格不一，不同进货渠道的材料差价也有变化，同一品种材料往往性能不一、外观不一，如果设计时缺乏专业人员的参与，建设单位的投资额不易控制。

如果是较大的装饰工程，有正式设计单位的建筑师负责设计，基本上能实现建设单位的愿望，预期投资额与实际投资额之间不出现较大偏差，偏差值在建设单位的承受范围之内。但一般的改造工程和家庭装饰工程多是施工单位负责设计，对非专业人员的建设单位来说，其装饰标准和材料价格难免良莠不齐、真伪难辨。如果监理人员作为专业人员

参与其中，既了解建设单位的意向、实力和需求，又了解市场行情，可以妥善地加以处理，使建设单位能在计划的资金额度内，最大限度地实现自己的装饰设计意图。

（3）处理好建筑装饰与结构的关系。建筑装饰设计是在结构设计（或竣工）基础上的"再创造"行为，因此，应在保证建筑结构安全的前提下，为建筑进行装饰设计。而在实际的建筑装饰过程中，一些非专业人员为了达到建设方的需求，盲目施工，没有考虑到建筑主体结构的受力极限，从而造成安全隐患或危险，甚至破坏了原有的设备，导致使用功能受损或丧失。这种情况尤其易在旧房改造中出现，由于没有原始建筑物的结构设计参考，在实际的改造过程中边做边改动，随意性较大，易造成安全问题。为避免这些现象的发生，需要专业的监理人员做好建设单位的参谋工作。

2. 签订和管理合同需要监理

（1）建筑装饰工程承发包的形式。在工程建设项目中，建设单位选择设计、施工、监理企业可有多种承发包方式，但较通用的有下列两种（表1-4）：

表1-4　　　　　　　建筑装饰工程承发包形式

名称	承发包方式
总承包	总承包是指一个建设项目全过程的全部工作由一个承包单位全面负责组织实施。但有时也对其中某个阶段而言，如对大型公共建筑的装饰装修阶段，也可由一个总承包单位负责组织实施；总承包单位可将若干专业性工作交给专业施工单位去完成，并统一协调和监督他们的工作，最终向建设单位（建设单位）交付工程
分承包	相对总承包而言，承包者不与建设单位直接发生关系，而是从总承包单位任务中分包某一单项工程或专业工程，并对总承包者负全责

由表1-4可以看出，承发包方式分为两种，一种是建筑装饰工程仅仅作为项目中的一部分，由业主直接发包（图1-2），一般的大型建筑装饰企业可能承接到这一类工程；另一种是由施工方总承包后再发包，即装饰装修成为分包单位（图1-3）。

中小型建筑装饰企业大多是从总包单位分包到

部分工程，对于专业性极强的公司，一般都属分包；建筑装饰公司作为总包可再按专业进行分包，适用于项目规模较大，标准较高的工程。后者则已经是分包单位，应全部自行承担所承包的建筑装饰工程，不得再行分包，这适合于规模小、通常标准、专业性不强的项目，一个水平较高的队伍即可完成所有装饰工程任务。

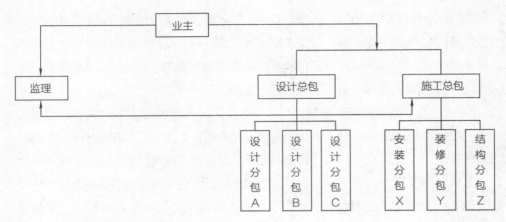

图 1-2　业主直接发包

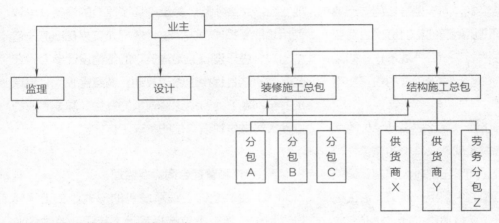

图 1-3　业主直接发包、总承包再分包

对于装饰工程中的某一专门项目，往往是设计、供料、施工一条龙服务。由于专业性较强，大多由专业施工（设计）单位承包。如装饰工程中的玻璃幕墙工程、高档石材铺贴等，又如金属结构制作、弱电系统、空调系统及防灾系统的设计与安装等。专业分包队伍施工更易保证质量，监理工程师应协助建设单位选择适宜的发包方式。

（2）签订合同。《中华人民共和国合同法》和《中华人民共和国建筑法》对总承包、分包都有严格规定，分别对建设单位和承包单位作了要求。如发包人可以与总承包人订立建设工程合同，也可以分别与分包人订立施工合同，但不得将原本由一个承包人完成的建设工程分解成若干部分，同时发包给几个承包人。

总承包人或分承包人经发包人同意，可以将自己承包的部分工作交由第三人完成。第三人就其完成的工作成果与总承包（或分承包人）向发包人承担连带责任。但不得将其承包的全部工程转包给第三人，或者将其承包的全部工程分解后以分包的名义转包给第三人。禁止总（分）承包人将工程分包给不具备相应资质的单位，禁止分包单位将其承包的工程进一步分包。

值得注意的是，建设工程主体结构的施工必须由总承包人自行完成，不准转包。转包是指建设工程的承包人将其承包的建设工程倒手转让给他人，使他人成为实际上该建设装饰工程新的承包人的行为。这种层层转包造成工程实际投资的逐层盘剥和克扣，导致工程质量下降，同时还为腐败现象的滋生制造了环境和土壤，因此，在建筑装饰工程中，转包的行为应当坚决禁止。

在建筑装饰工程设计和施工前，要签订合同，需要监理人员帮助建设单位拟定和审核条款（有示范合同文本时也需填写），保证合同的公正性与有效性。与装饰装修公司签订工程合同前必须完全领会业主的三大目标（投资目标、质量目标、进度目标）要求，将合理部分写成术语合同条款，对不适宜的一些要求需说明，使业主清楚明白。可选定"建筑工程施工合同"示范文本，或自行拟订合同、协议文本，视工程规模和复杂程度而定。必须明确双方责、权、利和业主预期的三大目标及违约的处理。

（3）管理合同。这是监理工作的核心内容，因为建筑装饰工程的进度、质量和投资目标需在设计或施工合同中明确，而且设计和施工单位要在约定的时间内落实合同中的条款。监理的任务是促使这三大目标实现，也就是监督和管理设计、施工单位履约，这一点已经在建设单位与监理企业签订的监理合同中明确。因此，在选择监理企业时，要选择有信誉、有水平、有能力的监理来协助建设单位做好合同的签订、管理。

3. 施工阶段需要监理

装饰装修工程要达到建设单位的预期目标，没有专业的监理人员的介入是十分困难的。一是达到计划目标需要一系列的专业检查，各种材料、构配件，各工序、各分项分部工程的施工工艺操作过程，均要达到相应的规范标准，各种工程计量及资金支付都应符合有关定额和造价文件的规定；二是建设单位既不可能掌握所有相关专业知识（建筑、结构、装饰、水、暖、强弱电、概预算），又不可能有充沛的精力和时间，时时刻刻盯着建筑装饰现场。因此，聘请专业的监理师来协助施工，控制三大目标，让专业人员来发挥自己的职业技能，实时控制施工现场作业，各司其职，才能促使设计和施工人员按预定目标做好装饰装修工程。

4. 协调各方面关系与矛盾需要监理

装饰装修工程涉及面广，参与建设的人员众多。从项目内部讲，有：总包、设计、各专业分包、供货商；从外部讲，有：建筑物产权拥有者、

使用者，以及施工过程中难免发生扰民和民扰问题等，而建设单位无法时刻处理这些潜在的问题，需要监理师出面协调。

对项目内部，监理工程师用合同来协调各施工班组之间的关系，其原则是分包服从总包，各分包之间均要以大局为重，以总目标为中心，局部服从整体。对项目外围单位之间的关系协调，其原则是下级服从上级，遵守法规和规定，维护社会公共利益和环境效益，与相邻单位友好协商处理矛盾，不能只强调自身工程的需要而妨碍他人的基本权益。

由于监理人员具备一定的专业知识，掌握基本建设相关法规政策，具有一定的组织协调能力，对施工现场了如指掌，接收到第一手资料信息，有利于判断事务的轻重缓急和区分责任大小、后果影响。无论是设计图纸不交圈，还是各分包单位施工顺序间的干扰问题、成品保护问题，又或者是各分包与总包之间合同中的纠纷问题等，监理人员都应公平、公正地处理，实在难以协调解决时还可按照合同约定的纠纷处理程序解决。

监理在项目实施过程中的协调工作十分繁重，可以说时时有、事事在。如果没有监理，业主无法时刻紧盯施工现场，处理各种突发事件，解决施工难题。而监理师在其中协调施工各方问题时，业主可以去做本职工作，将自己不擅长的工作交给监理，分工明确。

六、建筑装饰装修监理工作应纳入设计管理

在我国的建筑法中，只明确了实施建设监理制，其具体内容指施工阶段监理。目前，对工程建设的设计监理是否开展？应如何开展？上级领导和相关业务部门尚在研究，还未得出一致看法，就是结构设计也未曾开展设计监理。

在装饰装修工程中，有设计资质的施工单位可以兼营设计业务，建设单位（或总包）也将某项工程的施工与设计全部发包给他们，监理企业虽然能分清自己的业务范围，即不负责设计监理，但在实

际工作中已不能限定在施工监理范围内。

在一些改造工程中，业主对改造进度要求十分迫切，图纸不全的情况下就开始施工的现象十分常见。甚至一些施工单位完全凭借经验来施工，或者先施工后出图。当这种行为出现时，监理不得不介入建筑装饰设计的管理工作，将其纳入自己的施工管理的业务范围内。其设计的质量虽然仍由设计单位负责，但需要监理工程师协助建设单位对设计进行一定的管理工作，监理工程师应对设计质量起到参谋和辅助作用，主要是促使设计进度能保证工程进展的需要。

值得注意的是，装饰设计管理并不是承担装饰工程设计监理工作，这两点是有明显区别的。装饰设计管理只是协助建设单位（或总包）督促设计出图，尽量做到不致因图纸进度而影响工程进度，并通过图纸会审尽量消除各专业之间的矛盾；而装饰工程设计监理则意味着，监理企业须对装饰设计图纸的质量负责，监理企业需要承担一定的风险。

综上所述，装饰设计是整个装饰工程合同的一个组成部分，因此，监理工程师有责任协助建设单位做好设计的前期准备工作和设计的管理工作，保证建筑装饰工程能够顺利进行。

第二节　建设项目与建设程序

一、建设项目

根据建设项目的组成内容和层次不同，按照分解管理的需要从大至小依次可分为建设项目、单项工程、单位工程、分部工程和分项工程。

1. 建设项目

建设项目是指按一个总体规划或设计进行建设，由一个或若干个互有内在联系的单项工程组成的工程总和。工程建设项目的总体规划或设计是对拟建工程的建设规模、主要建筑物、构筑物、交通运输路网、各种场地、绿化设施等进行合理规划与布置所做的文字说明和图纸文件。如新建一座工厂，应该包括厂房车间、办公大楼、食堂、库房、烟囱、水塔等建筑物、构筑物以及它们之间相联系的道路。这些建筑物或构筑物都应包括在总体规划或设计中，并反映它们之间的内在联系和区别。

2. 单项工程

单项工程是指具有独立的设计文件，建成后能够独立发挥生产能力或使用功能的工程项目。单项工程

是建设项目的组成部分，一个建设项目可以包括多个单项工程，也可以仅有一个单项工程。例如，工业建筑中，一座工厂的各个生产车间、办公大楼、食堂、库房、烟囱、水塔等；非工业建筑中，一所学校的教学大楼、图书馆、实验室、学生宿舍等，都是具体的单项工程。单项工程是具有独立存在意义的一个完整工程，是由多个单位工程组成的。

3. 单位工程

单位工程是指具有独立的设计文件，能够独立进行组织施工，但不能独立发挥生产能力或使用功能的工程项目。单位工程是单项工程的组成部分。在工业与民用建筑中，例如，一幢教学大楼或写字楼，可以划分为建筑工程、装饰工程、电气工程、给排水工程等，它们分别是单项工程所包含的不同性质的单位工程，每个工程项目都可以单独施工。

4. 分部工程

分部工程是单位工程的组成部分，是按结构部

位、路段长度及施工特点或施工任务，将单位工程划分为若干个项目单元。在每一个分部工程中，因为构造、使用材料规格或施工方法等不同，完成同一计量单位的工程需消耗的人工、材料和机械台班数量及其价值的差别也很大，因此，还要把分部工程进一步划分为分项工程。

5. 分项工程

分项工程是分部工程的组成部分，按不同施工方法、材料、工序及路段长度等将分部工程划分为若干个项目单元。可以通过较为简单的施工过程生产出来。并可以用适当的计量单位测算或计算其消耗量和单价的建筑或安装单元。例如土石方工程，可以划分为平整场地、挖沟槽土方、挖基坑土方等；砌筑工程可以划分为砖基础、砖墙、抹灰等；混凝土及钢筋混凝土工程可划分为现浇混凝土基础、现浇混凝土柱、预制混凝土梁等。分项工程不是单项工程那样的完整产品，不存在独立施工。一般来说，分项工程是单项工程组成部分中的一种基本构成要素，是为了确定建设工程造价和计算人工、材料、机械等消耗量而划分出来的一种基本项目单元，它既是工程质量形成的直接过程，又是建设项目的基本计价单元。

因此，一个建设项目由一个或几个单项工程组成，一个单项工程由一个或几个单位工程组成，一个单位工程又由若干个分部工程组成，一个分部工程又可划分为若干个分项工程。分项工程是建筑工程计量与计价的最基本部分。了解建设项目的组成，既是工程施工与建造的基本要求，也是进行计算工程造价的组成单元，作为从事建筑装饰工程监督与管理的技术人员，分清和掌握建设项目的组成部分显得尤为重要，能够在关键时刻发挥作用。

二、建设程序

如图1-4所示，建设程序包括七个阶段。

1. 策划决策阶段

决策阶段，又称为建设前期工作阶段，主要包括编报项目建议书和可行性研究报告两项工作内容。

（1）项目建议书。对于政府投资工程项目，编报项目建议书是项目建设最初阶段的工作。其主要作用是推荐建设项目，以便在一个确定的地区或部门内，以自然资源和市场预测为基础，选择建设项目。项目建议书经批准后，可进行可行性研究工作，但并不表明项目非上不可，项目建议书不是项目的最终决策。

（2）可行性研究报告。可行性研究是在项目建议书被批准后，对项目在技术上和经济上是否可行所进行的科学分析和论证。根据《国务院关于投资体制改革的决定》（国发[2004]20号），对于政府投资项目，须审批项目建议书和可行性研究报告；对于企业不使用政府资金投资建设的项目，一律不再实行审批制，区别不同情况实行核准制和登记备案制。对于《政府核准的投资项目目录》以外的企业投资项目，实行备案制。

（3）可行性研究报告。

2. 勘察设计阶段

（1）勘察过程。复杂工程分为初勘和详勘两个阶段。为设计提供实际依据。

（2）设计过程。一般划分为两个阶段，即初步设计阶段和施工图设计阶段。对于大型复杂项目，可根据不同行业的特点和需要，在初步设计之后增加技术设计阶段。初步设计是设计的第一步，如果初步设计提出的总概算超过可行性研究报告投资估算的10%以上或其他主要指标需要变动时，要重新报批可行性研究报告。

初步设计经主管部门审批后，建设项目被列入国家固定资产投资计划，方可进行下一步的施工图设计。施工图一经审查批准，不得擅自修改，必须重新报请原审批部门，由原审批部门委托审查机构审查后再批准实施。

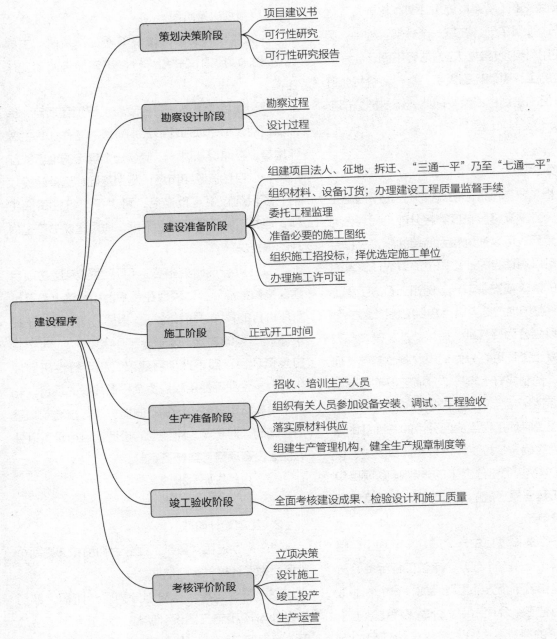

图 1-4　建设程序

3. 建设准备阶段

（1）组建项目法人、征地、拆迁、"三通一平"乃至"七通一平"。

（2）组织材料、设备订货；办理建设工程质量监督手续。

（3）委托工程监理。

（4）准备必要的施工图纸。

（5）组织施工招投标，择优选定施工单位。

（6）办理施工许可证。

4. 施工阶段

建设工程具备了开工条件并取得施工许可证后方可开工。项目新开工时间，按设计文件中规定的任何一项永久性工程第一次正式破土开槽时间而定。不需开槽的以正式打桩作为开工时间。铁路、公路、水库等以开始进行土石方工程作为正式开工时间。

5. 生产准备阶段

对于生产性建设项目，在其竣工投产前，建设单位应适时地组织专门班子或机构，有计划地做好生产准备工作，生产准备是由建设阶段转入经营的一项重要工作。

（1）招收、培训生产人员。

（2）组织有关人员参加设备安装、调试、工程验收。

（3）落实原材料供应。

（4）组建生产管理机构，健全生产规章制度等。

6. 竣工验收阶段

工程竣工验收是全面考核建设成果、检验设计和施工质量的重要步骤，也是建设项目转入生产和使用的标志。验收合格后，建设单位编制竣工决算，项目正式投入使用。

7. 考核评价阶段

建设项目后评价是工程项目竣工投产、生产运营一段时间后，在对项目的立项决策、设计施工、竣工投产、生产运营等全过程进行系统评价的一种技术活动，是固定资产管理的一项重要内容，也是固定资产投资管理的最后一个环节。

R 补充要点

监理企业与项目各参与方的关系

1. 与建设单位（业主）关系。

在实施监理前，建设单位必须通过签订合同的方式，委托并授权给监理企业对工程项目进行监理，监理企业通过履行合同来完成监理工作。这就决定了建设单位与监理企业一方面是两个独立法人之间的平等关系，属于需求与供给的服务关系；另一方面是委托与被委托、授权与被授权的相互依存、要约与承诺的关系。

2. 与质量监督站的关系。

工程建设监理与工程质量监督虽都属于工程建设领域中的监督管理活动，但二者有很大区别，前者的执行者是社会化的监理企业，其活动属民间的企业行为，是项目组织系统内横向平等主体间的监督管理；而后者的执行者是政府的各级质量监督站，是执法单位，其活动属政府行为，是项目组织系中纵向的关系。政府作为行政主管部门（之一）对项目参与者（包括建设单位、承建单位、监理企业）的纵向监督管理具有强制性。

3. 与承建单位的关系。

首先需说明的是，此处所谈的承建单位不单指施工单位，是指凡承担了项目的实施阶段中任何业务工作且与建设单位有合同关系的单位，如规划、勘察、设计、施工、材料设备供应单位等均为承建单位。监理企业与承建单位之间没有合同关系，在建筑市场中各是平等的主体之一，但若监理企业接受了建设单位委托在某阶段内从事监理工作，则监理与承担该阶段业务工作，与建设单位签订了合同的承建单位之间就自然地形成了监理与被监理的关系。此时，承建单位不再与建设单位直接交往，转向与监理直接联系，并接受监理企业对自己的建设活动进行监督管理。

第三节　与建筑装饰工程监理有关的法规

一、建筑法规的概念

建筑法规是指由具有立法权的国家机关或其授权的行政机关制定，国家强制力保证实施，旨在调整国家及其有关机构、企事业单位、社会团体、其他经济组织及公民个人之间，在建设活动中或建设行政管理活动中发生的各种社会关系的法律规范的统称。

建筑活动是指土木建筑工程和线路管道、设备安装工程（以下统称建设工程）的新建、扩建、改建活动及建筑装饰装修活动。作为一个工程项目的建筑过程，建筑活动的内容包括立项、资金筹措、建筑实施、竣工验收及评估等一系列活动。建筑行政管理活动是指国家建设行政主管部门依据法律、行政法规及规定的职权，代表国家对建设活动进行的监督和管理行为。

R 补充要点

《中华人民共和国建筑法》

《中华人民共和国建筑法》经 1997 年 11 月 1 日第八届全国人大常委会第 28 次会议通过；根据 2011 年 4 月 22 日第十一届全国人大常委会第 20 次会议《关于修改〈中华人民共和国建筑法〉的决定》修正。《中华人民共和国建筑法》分总则、建筑许可、建筑工程发包与承包、建筑工程监理、建筑安全生产管理、建筑工程质量管理、法律责任、附则 8 章 85 条，自 1998 年 3 月 1 日起施行。

二、适用范围与调整对象

1. 建筑法规的适用范围

《中华人民共和国建筑法》（以下简称《建筑法》）第2条规定：在中华人民共和国境内从事建筑活动，实施对建筑活动的监督管理，应当遵守本法。《建筑法》所称建筑活动，是指各类房屋建筑及其附属设施的建造和与其配套的线路、管道、设备的安装活动。

首先，法律的适用范围。也称法律的效力范围，包括法律的时间效力，即法律从什么时候开始发生效力和什么时候失效；其次，法律的空间效力，即法律适用的地域范围；最后，法律对人的效力，即法律对什么人（指具有法律关系主体资格的自然人、法人和其他组织）适用。

值得关注的是，关于建筑法的时间效力问题，《建筑法》第85条作了规定。《建筑法》第2条则是对其适用的地域范围和对主体行为的适用范围的规定。

（1）《建筑法》作为我国最高权力机关的常设机构全国人大常委会制定的法律，其效力自然在中华人民共和国的全部领域，即中华人民共和国主权所及的全部领域内。法律空间效力范围的普遍原则是适用于制定它的机关所管辖的全部领域。但是，按照我国香港、澳门两个特别行政区基本法的规定，只有列入这两个基本法附件三的全国性法律，才能在这两个特别行政区适用。

（2）《建筑法》适用的主体范围（对人的效力问题）包括一切从事建筑活动的主体和各级依法负有对建筑活动实施监督管理的政府机关。

①一切从事本法所称的建筑活动的主体，包括从事建筑工程的勘察、设计、施工、监理等活动的

国有企事业单位、集体所有制的企事业单位、中外合资经营企业、中外合作经营企业、外资企业、合伙企业、私营企业以及依法可以从事建筑活动的个人，不论其经济性质如何、规模大小，只要从事本法规定的建筑活动，都应遵守本法的各项规定，违反本法规定的行为将受法律追究。

②行政机关依法行政是社会主义法制建设的基本要求。党的"十五大"报告明确提出"一切政府机关都必须依法行政"。各级依法负有对建筑活动实施监督管理责任的政府机关，包括建设行政主管部门和其他有关主管部门，都应依照本法的规定，对建筑活动实施监督管理。

③对从事建筑活动的施工企业、勘察单位、设计单位和工程监理单位进行资质审查，依法颁发资质等级证书；对建筑工程的招投标活动是否符合公开、公正、公平的原则及是否遵守法定程序进行监督，但不应代替建设单位组织招标；对建筑工程的质量和建筑安全生产依法进行监督管理；以及对违反本法的行为实施行政处罚等。对建筑活动负有监督管理职责的机关及其工作人员，如有不依法履行职责、玩忽职守、滥用职权的行为，将受法律追究。

2. 建筑法规的调整对象

《建筑法》第2条第2款对建筑活动以下定义的形式及适用本法规定的建筑活动的范围作了限定，即适用本法的建筑活动的范围是各类房屋建筑及其附属设施建造和与其配套的线路、管道、设备的安装活动。

（1）广义的建筑活动，指各种土木工程的建造活动及有关设施、设备的安装活动，既包括各类房屋建筑的建造活动，也包括铁路、公路、机场、港口、矿井、水库、通信线路等专业建筑工程的建造及其设备安装活动。在提交全国人大常委会审议的《建筑法》中，曾将适用本法的建筑活动规定为：土木建筑工程建筑业范围内的线路、管道、设备安装工程的新建、扩建、改建及建筑装饰装修活动。将铁路、公路、机场、港口、矿井、水库、通信线路等专业建设工程的建筑活动包括在建筑法的适用范围内。立法机关在对草案进行审议时认为，草案规定的适用范围过宽。房屋建筑与铁路、公路、机场、港口、矿井、水库、通信线路等专业建筑工程的建造活动有较大的不同。

专业工程建设也各有其主管部门，《建筑法》对各专业建设工程的建筑活动难以完全适用，且难以解决对它们的监督管理问题。由于房屋建筑涉及社会各个方面，实际问题也十分突出。《建筑法》的适用范围应规定为：适用于包括民用住宅、工业用房、公共活动场所的房屋建筑在内的各类房屋建筑，以及其附属设施的建造与配套的线路、管道、设备的安装活动。至于铁路、公路、机场、港口、矿井、水库、通信线路等各项专业建筑工程的建筑活动，可依照《建筑法》规定的有关原则，根据各专业建筑活动的特点，由国务院另行制定具体适用办法。

在全国人大常委会的立法工作机构就草案的规定征求意见的过程中，不少地方、部门和专家也都提出，为使《建筑法》的规定能够抓住重点、符合实际、切实可行，应将其适用范围限定为适用于各类房屋建筑的建筑活动。此外，一些国家和地区的建筑立法也明确将适用范围规定为适用于各类房屋建筑活动。经过反复认真研究，全国人大法律委员会在向全国人大常委会提出的《建筑法（草案修改稿）》中，对草案的规定做了修改，将适用本法规定的建筑活动的范围限定为"是指各类房屋建筑及其附属设施的建造和与其配套的线路、管道、设备的安装活动"。全国人大常委会同意法律委员会所做的修改。

（2）《建筑法》第2条所称的各类"房屋建筑"，是指具有顶盖、梁柱和墙壁，供人们生产、生活等使用的建筑物，包括民用住宅、厂房、仓库、办公楼、影剧院、体育馆、学校校舍等各类房屋。本条所说的"附属设施"，是指与房屋建筑配套建造的围墙、水塔等附属的建筑设施。"配套的线路、管道、设备的安装活动"是指与建筑配套的电气、通信、煤气、给水、排水、空气调节、电梯、消防等线路、管道和设备的安装活动。

（3）建筑装饰活动，如果是建筑过程中的装饰，则属于建造活动的组成部分，适用《建筑法》的规定，不必单独列出。对已建成的建筑进行装饰，如果涉及建筑物的主体或承重结构变动的，则应按照《建筑法》第49条的规定执行；而一些不涉及建筑主体或承重结构变动的装饰，不属于本法的调整范围。此外，对不包括建筑装饰内容的建筑装饰活动，由于装饰设计不涉及建筑物的安全性和基本使用功能，在设计上可根据使用者的兴趣爱好决定，没有强制规范。

三、建筑法规的作用

在国民经济中，建筑装饰行业的比重逐年攀升，建筑法规的作用就是保护、巩固和发展社会主义的经济基础，最大限度地满足人们日益增长的物质和文化需要。具体表现在建筑法规对建筑行为、保护合法建筑行为、处罚违法建筑行为上的规范指导作用。

1. 规范指导建筑行为

建筑装饰的具体行为必须遵循一定的准则。只有在法律规定的范围内进行的行为，才能得到国家的承认与保护，才能实现预期的目的。从事各种具体的建筑活动所应遵循的行为规范称为建筑法律规范。建筑法规对人们建筑行为的规范性表现在以下三个方面（表1-5）。

正是有了上述法律的规定，建筑行为主体才明确了自己可为、不可为和必须为的建筑行为，并以此指导、制约自己的行为，体现出建筑法规对具体建筑行为的规范和指导作用。

表 1-5 建筑行为的规范性表现

名称	规范的内容
有些建筑行为必须做	有些建筑行为必须做，是义务性的建筑行为规定。如《建筑法》第58条规定的"建筑施工企业必须按照工程设计图纸和施工技术标准施工"
有些建筑行为禁止做	投标人不得相互串通投标报价，不得排挤其他投标人的公平竞争，损害招标人或其他投标人的合法权益
	投标人不得与招标人串通投标，损害国家利益、社会公共利益或他人的合法权益
	禁止投标人以向招标人或评标委员会成员行贿的手段谋取中标
授权某些建筑行为	即规定人们有权选择某种建筑行为，它既不禁止人们做出这种建筑行为，也不要求人们必须做出这种建筑行为，而是赋予了一个权利，做与不做都不违反法律，一切由当事人自己决定

2. 保护合法建筑行为

建筑法规的作用不仅在于对建筑主体的行为加以规范和指导，还应对一切符合法规的建筑行为给予确认和保护。这种确认和保护一般是通过建筑法规的原则规定反映的。《建筑法》第4条规定"国家扶持建筑业的发展，支持建筑科学技术研究，提高房屋建筑设计水平，鼓励节约能源和保护环境，提倡采用先进技术、先进设备、先进工艺、新型建筑材料和现代管理方式"，《建筑法》第5条规定"任何单位和个人都不得妨碍和阻挠依法进行的建筑活动"，即属于保护合法建筑行为的规定。

3. 处罚违法建筑行为

建筑法规要实现对建筑行为的规范和指导作用，必须对违法建筑行为给予应有的处罚。否则，建筑法规所确定的法律制度在实施过程中得不到强制性的法律保障，就会变成无实际意义的规范。因此，建筑法规对违法建筑行为的处罚都有规定。《建筑法》第72条规定"建设单位违反本法规定，要求建筑设计单位或者建筑施工企业违反建筑工程质量、安全标准，降低工程质量的，责令改正，可以处以罚款；构成犯罪的，依法追究刑事责任"，即属于处罚违法建筑行为的规定。

四、建筑法律关系主体

建筑法律关系主体是指参加建筑业活动，受建筑法律规范调整，在法律上享有权利和承担义务的当事人，主要有自然人、法人和其他组织，它包括业主方、承包方、相关中介组织等。

1. 业主方

业主方可以是房地产开发公司，也可以是工厂、学校、医院，还可以是个人或各级政府委托的资产管理部门。在我国建筑市场，业主方一般被称为建设单位或甲方。由于这些建设单位最终得到的是建筑产品的所有权，所以根据国际惯例，也可以称这些建筑工程的发包主体为业主。

业主方作为建筑活动的权利主体，是从可行性研究报告批准开始的。任何一个社会组织，当它的建设项目的可行性研究报告没有被批准之前，建设项目尚未被正式确认，是不能以权利主体的资格参加工程建设的。当建设项目编有独立的总体设计并单独列入建设计划，获得国家批准时才能成为建设单位，也才能以法人资格及自己的名义对外进行经济活动和法律行为。建设单位作为工程的需要方，是建设投资的支配者，也是工程建设的组织者和监督者。

2. 承包方

承包方是指有一定生产能力、机械设备、流动资金，具有承包工程建设任务的营业资格，在建筑市场中能够按照业主方的要求，提供不同形态的建筑产品，并最终得到相应工程款的建筑企业。

（1）按照生产的主要形式。承包方主要有：勘察、设计单位，建筑安装施工企业，建筑装饰施工企业，混凝土构配件、非标准预制件等生产厂家，

商品混凝土供应站，建筑机械租赁单位，以及专门提供建筑劳务的企业等。

（2）按照承包的方式。可以分为总承包企业、专业承包企业和劳务分包企业。在我国建筑市场上承包方一般被称为建筑企业或乙方，在国际工程承包中习惯被称为承包商。

3. 中介组织

中介组织作为建筑法律关系主体，与其他社会组织一样为法人。中介组织是指具有相应的专业服务资质，在建筑市场中受发包方、承包方或政府管理机构的委托，对工程建设进行估算测量、咨询代理、建设监理等高智能服务，并取得服务费用的咨询服务机构的中介服务组织。在市场经济运行中，中介组织作为政府、市场、企业之间联系的纽带，具有政府行政管理不可替代的作用；而发达的市场中介组织又是市场体系成熟和市场经济发达的重要表现。

从市场中介组织的工作内容和作用来看，建筑市场中介组织可分为多种类型，如建筑业协会及其下属的设备安装、机械施工、装饰装修、产品厂商等专业分会，建设监理协会；为工程建设服务的专业会计师事务所，律师事务所，资产与资信评估机构，公证机构，仲裁调解机构，招标代理机构，工程技术咨询公司，监理公司，质量检查、监督、认证机构，以及其他产品检测、鉴定机构等。

4. 自然人

自然人（包括本国公民、外国公民和无国籍人）作为建筑市场主体参与建筑活动，近年来呈现出日益增多的趋势。随着国家对建筑市场规范化管理的加强，要求建筑业从业人员具有相应的资格，如注册建筑师、注册建造师、注册监理工程师、注册房地产经纪人等，自然人参与建筑活动的范围将更加广泛。自然人同企业单位签订劳动合同时，即成为建筑法律关系的主体。

第四节 建立工程监理的意义

一、有利于提高建设工程投资决策科学化水平

在建设单位有了初步的项目投资意向之后，建设单位委托工程监理进行全过程监理的条件下，工程监理企业可协助建设单位选择适当的工程咨询机构，管理工程咨询合同的实施，并对咨询结果（如项目建议书、可行性研究报告）进行评估，提出有价值的修改意见和建议；或直接从事工程咨询工作，为建设单位提供建设方案。这样可使项目投资符合国家经济发展规划、产业政策、投资方向，还能使项目投资更加符合市场需求。

工程监理企业参与或承担项目决策阶段的监理工作，有利于提高项目投资决策的科学化水平，避免项目投资决策失误，也为实现建设工程投资综合效益最大化打下了良好的基础。

二、有利于规范工程建设参与者的建设行为

工程建设参与各方的建设行为都应当符合法律、法规、规章和市场准则。而在实际的施工建设中，仅仅依靠建设者的自律机制是远远不够的，还需要建立有效的约束机制，用明文规定来约束建设参与者的建设行为。

首先需要政府对工程建设参与各方的建设行为进行全面的监督管理，这是最基本的约束，也是政府的主要职能之一。然而，由于建设过程的客观条件限制，政府对工程建设的监督管理无法深入每一项工程施工中。因此，急需建立新的约束机制，在工程施工的全过程中来约束工程建设者的建设行为，而建立工程监理制就是一种全新的约束机制。

在建设工程实施过程中，工程监理企业可依据委托监理合同与建设工程合同，对承建单位的建设行为进行监督管理。由于这种约束机制贯穿工程建设的整个过程中，采用事前、事中和事后控制相结合的方式，可以有效地规范各承建单位的建设行为，最大程度上避免建设乱象。其次，万一出现建设乱象，监理企业也能及时制止这种建设行为，最大程度上减少其不良后果。所以，这才是约束机制的最终目的。

另一方面，由于建设单位不了解建设工程有关的法律、法规、规章、管理程序和市场行为准则，也可能发生不当建设行为。在这种情况下，工程监理单位可以向建设单位提出适当的建议，从而避免发生建设单位的不当建设行为，这对规范建设单位的建设行为也可起到一定的约束作用。

三、有利于保证建设工程质量和使用安全

工程监理企业对承建单位建设行为的监督管理，实际上是使用者的角度对建设工程生产过程的管理，这与建设工程参与者自身的管理有很大的不同。而工程监理企业又不同于建设工程的实际使用者，其监理人员都是既懂工程技术又懂经济管理的专业人士，他们有能力及时发现建设工程施工过程中出现的问题，发现工程材料、设备以及阶段产品存在的问题，避免施工中的工程质量隐患。

因此，实行建设工程监理制之后，在加强承建单位自身对工程质量管理的基础上，由工程监理企业介入建设工程生产过程的管理，其对保证建设工程质量和使用安全有着重要作用。

四、有利于实现建设工程投资效益最大化

在满足建设工程预定功能和质量标准的前提下，建设投资额最少；在满足建设工程预定功能和质量标准的前提下，建设工程寿命周期费用（或全寿命费用）最少；建设工程本身的投资效益与环境、社会效益的综合效益最大化。

补充要点

监理单位受业主委托对建设工程实施监理时，应遵守以下基本原则：

1. 公正、独立、自主原则。

　　监理工程师在建设工程监理中必须尊重科学、尊重事实，组织各方协同配合，维护有关各方的合法权益。为此，必须坚持公正、独立、自主的原则。

2. 权责一致原则。

　　监理工程师承担的职责应与业主授予的权限相一致。监理工程师的监理职权，依赖于业主的授权。这种权力的授予，除体现在业主与监理单位之间签订的委托监理合同之中，还应作为业主与承建单位之间建设工程合同的合同条件。因此，监理工程师在明确业主提出的监理目标和监理工作内容要求后，应与业主协商，明确相应的授权，达成共识后明确反映在委托监理合同中及建设工程合同中。

3. 负责制原则。

　　总监理工程师是工程监理全部工作的负责人。要建立和健全总监理工程师负责制，就要明确权、责、利关系，健全项目监理机构，具有科学的运行制度、现代化的管理手段，形成以总监理工程师为首的高效能的决策指挥体系。

4. 严格监理、热情服务原则。

　　严格监理，就是各级监理人员严格按照国家政策、法规、规范、标准和合同控制建设工程的目标，依照既定的程序和制度，认真履行职责，对承建单位进行严格监理。监理工程师还应为业主提供热情的服务，由于业主一般不熟悉建设工程管理与技术业务，监理工程师应按照委托监理合同的要求多方位、多层次地为业主提供良好的服务，维护业主的正当权益。

5. 综合效益原则。

　　建设工程监理活动既要考虑业主的经济效益，也必须考虑与社会效益和环境效益的有机统一。建设工程监理活动虽经业主的委托和授权才得以进行，但监理工程师应首先严格遵守国家的建设管理法律、法规、标准等，以高度负责的态度和责任感，既对业主负责，谋求最大的经济效益，又要对国家和社会负责，取得最佳的综合效益。只有在符合宏观经济效益、社会效益和环境效益的条件下，业主投资项目的微观经济效益才能得以实现。

第五节　建筑装饰工程监理的主要内容

一、建筑装饰工程对设计的基本要求

（1）建筑装饰工程必须经过设计，并出具完整的施工图设计文件，后期施工以此为依据。

（2）承担建筑装饰工程设计单位应具备相应的资质，并应建立质量管理体系。由于设计原因造成的质量问题应由设计单位负责，做到权责分明，有责必究。

（3）建筑装饰装修设计应符合城市规划、消防、环保、节能等有关规定。

（4）承担建筑装饰工程设计单位应对建筑物进行必要的了解和实地勘察，将一切干扰设计的因素及时处理，设计的深度应满足施工要求。

（5）建筑装饰工程设计必须保证建筑物的结构安全和主要使用功能。当涉及主体和承重结构改动或增加荷载时，必须由原结构设计单位或具备相应资质的设计单位核查有关原始资料，对既有建筑结构的安全性进行核验、确认。

（6）建筑装饰工程的防火、防雷和抗震设计应符合现行国家标准的规定。

（7）当墙体或吊顶内的管线可能产生冰冻或结露时，应进行防冻或防结露设计。

二、建筑装饰工程对施工的基本要求

（1）承担建筑装饰工程施工的单位应具备相应的资质，并应建立质量管理体系。施工单位要根据设计图纸进行施工组织设计，该施工组织设计要由施工承包单位公司及相关部门审核批准，报施工监理单位和建设单位认可，有的应报主体结构设计单位或装饰装修设计单位认可，或有关主管部门认可，方可准备施工。施工单位应按照有关施工工艺标准，或经审定的施工技术方案施工，对施工全过程实行质量控制。

（2）承担建筑装饰工程施工的人员应有相应岗位的资格证书，做到持证上岗的要求。

（3）施工单位应遵守有关施工安全、劳动保护、防火和防毒的法律法规，应建立相应的管理制度，并应配备必要的设备、器具和标识。

（4）建筑装饰工程施工中，严禁违反设计文件擅自改动建筑主体、承重结构或主要使用功能；未经设计确认和有关部门批准，严禁擅自拆改水、暖、电、燃气、通信等配套设施。

（5）施工单位应遵守有关环境保护的法律法规，对施工现场的各种粉尘、废气、废弃物、噪声、振动等采取有效措施控制，减少对周围环境造成的污染和危害。

（6）建筑装饰工程的施工质量应符合设计要求和《建筑装饰装修工程质量验收标准》（GB 50210—2018）的规定。由于违反设计文件和规范规定施工造成的质量问题由施工单位负责。

（7）建筑装饰工程应在基体或基层的质量验收合格后施工。对既有建筑进行装饰装修前，应对基层进行处理并达到《建筑装饰装修工程质量验收标准》（GB 50210—2018）的要求。

（8）建筑装饰工程施工前应有主要材料的样板或做样板间（件），并应经有关各方确认。

（9）墙面采用保温材料的建筑装饰工程，所用保温材料的类型、品种、规格及施工工艺应符合设计要求。

（10）管道、设备等的安装及调试应在建筑装饰工程施工前完成，必须同步进行时，应在饰面层施工前完成。装饰工程不得影响管道、设备等的使用和维修。涉及燃气管道的建筑装饰工程必须符合有关安全管理的规定，不得私自拆改、更换燃气表位置。

（11）建筑装饰工程的电器安装应符合设计要求和国家的相关规定标准，严禁不经穿管直接埋设电线。

（12）室内外装饰装修工程施工的环境条件应满足施工工艺的要求。施工环境温度不应低于5℃，当施工项目必须在低于5℃气温下施工时，应采取相应的有效措施，保证工程质量。

（13）建筑装饰工程施工过程中应做好半成品、成品的保护工作，防止污染和损坏。

（14）建筑装饰工程验收前应将施工现场清理干净。

三、建筑装饰工程对监理工作的基本要求

1. 原材料、半成品、成品的质量控制

首先，建筑装饰材料是建筑装饰工程的物质基础，装饰工程的总体效果、功能的实现，无不通过运用建筑装饰材料的质感、色彩、形体、图案、性能等体现出来。另一方面，建筑装饰材料在建筑装饰工程总造价中占60%～70%，这在装饰工程总造价中是一个很大的比重。因此，建筑装饰工程设计人员、施工人员和监理人员，都必须熟悉装饰材料的种类、性能、特点、价格等，熟悉各种装饰材料的变化规律，在不同工种与施工工艺中，能够正

确选用装饰材料。

其次，专业监理工程师应要求承包单位报送重点部位、关键工序的施工工艺和确保工程质量的措施，审核同意后予以签认。当承包单位采用新材料、新工艺、新技术、新设备时，专业监理工程师应要求承包单位报送相应的施工工艺措施和证明材料，组织专题论证，经审查后由总监予以签认。

同时，专业监理员应审核承包单位报送的构配件和设备的工程材料构配件、拟进场工程材料、设备报审表及其质量证明资料等。每一次装饰材料进场前，施工单位都应该提前通知监理单位对材料进行审核验收，主要对材料的规格、外观、尺寸、品种进行查验。

最后，采用平行检验或见证取样方式进行的抽检，费用由建设单位承担，其中不合格的材料检验费用由材料采购单位负责。抽样检验必须在监理人员见证下随机抽样送有资质的测试单位进行检测。在得到合格的检测结果后方可正式使用。试验时监理人员应现场旁站。对未经监理人员验收或验收不合格的工程材料、构配件、设备，监理人员应拒绝签认，并应签发监理工程师通知单，书面通知承包单位限期将不合格的工程材料、构配件、设备撤出现场。

2. 巡视和旁站检查的基本要求

总监理工程师应安排监理人员在施工过程进行巡视和旁站检查。在巡视前，监理工程师应熟悉图纸，做好巡视计划，抓住本次巡视的重点、难点。在巡视时做到心中有数，勤看、勤量、认真对照设计要求。

采取旁站形式进行检查，及时发现问题、纠正问题。对隐蔽工程的隐蔽过程、下道工序施工完成后难以检查的重点部位，专业监理工程师应安排监理员进行旁站。专业监理工程师应根据承包单位报送的隐蔽工程报验申请表和自检结果进行现场检查，符合要求的予以签认。

对于验收或验收不合格的工序，监理人员应拒绝签认，并要求承包单位严禁进行下一道工序的施工，及时修正。监理工程师在日常的巡视中，应对建筑装饰工程材料质量、施工安装质量进行检查，特别是对特殊材料的检查，应该加大检查力度，重点检验。

3. 建筑装饰工程验收

专业监理工程师应对承包单位报送的分项工程质量验评资料进行审核，符合要求后予以签认；总监理工程师组织监理人员对承包单位报送的分部工程和单位工程质量验评资料进行审核和现场检查，符合要求后予以签认。当建筑工程质量不符合要求时，应按下列规定处理：

（1）经返工重做或更换器具、设备的检验批，应重新验收。

（2）经有资质的检测单位检测，鉴定能够达到设计要求的检验批，应予以验收。

（3）经有资质的检测单位检测鉴定达不到设计要求，但经原设计单位核算认可能够满足结构安全和使用功能的检验批，可予以验收。

（4）经返修或加固处理的分项、分部工程，虽然改变外形尺寸但仍能满足安全使用要求的，可按技术处理方案和协商文件进行验收。

（5）通过返修或加固处理后，仍不能满足安全使用要求的分部工程、单位（子单位）工程，应当严禁验收。监理单位安排监理人员对建设单位提出的工程质量缺陷进行检查和记录，对承包单位进行修复的工程质量进行验收，合格后予以签认。同时，监理人员应对工程质量缺陷原因进行调查分析，并确定责任归属方，对非承包单位原因造成的工程质量缺陷，监理人员应核实修复工程的费用、签署工程款支付证书，并上报建设单位。

四、建筑监理在施工各个阶段的主要内容

建设工程监理主要包括6个阶段的工作内容：建设前期阶段、设计阶段、施工准备阶段、施工阶段、竣工验收阶段和工程质量保修阶段（图1-5）。

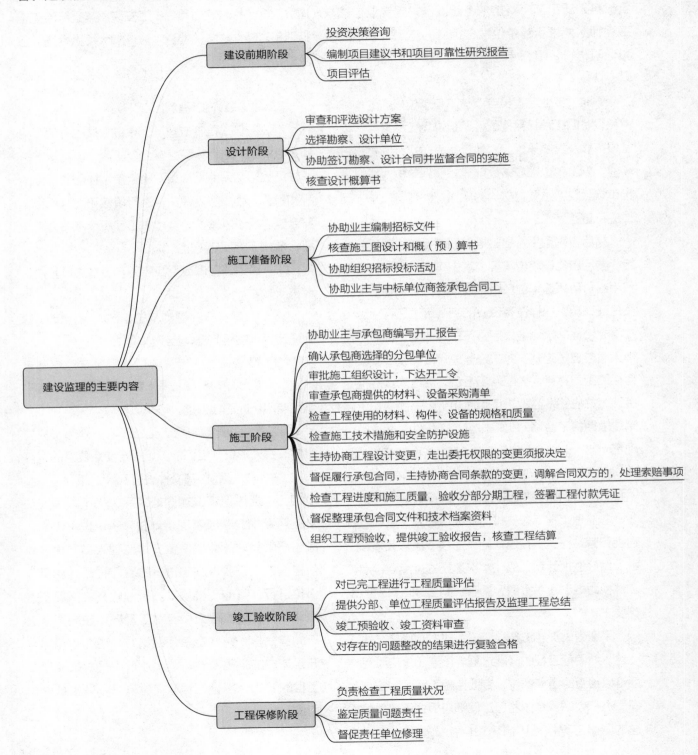

建设监理的主要内容

建设前期阶段
- 投资决策咨询
- 编制项目建议书和项目可靠性研究报告
- 项目评估

设计阶段
- 审查和评选设计方案
- 选择勘察、设计单位
- 协助签订勘察、设计合同并监督合同的实施
- 核查设计概算书

施工准备阶段
- 协助业主编制招标文件
- 核查施工图设计和概（预）算书
- 协助组织招标投标活动
- 协助业主与中标单位商签承包合同工

施工阶段
- 协助业主与承包商编写开工报告
- 确认承包商选择的分包单位
- 审批施工组织设计，下达开工令
- 审查承包商提供的材料、设备采购清单
- 检查工程使用的材料、构件、设备的规格和质量
- 检查施工技术措施和安全防护设施
- 主持协商工程设计变更，走出委托权限的变更须报决定
- 督促履行承包合同，主持协商合同条款的变更，调解合同双方的，处理索赔事项
- 检查工程进度和施工质量，验收分部分期工程，签署工程付款凭证
- 督促整理承包合同文件和技术档案资料
- 组织工程预验收，提供竣工验收报告，核查工程结算

竣工验收阶段
- 对已完工程进行工程质量评估
- 提供分部、单位工程质量评估报告及监理工程总结
- 竣工预验收、竣工资料审查
- 对存在的问题整改的结果进行复验合格

工程保修阶段
- 负责检查工程质量状况
- 鉴定质量问题责任
- 督促责任单位修理

图 1-5　建设监理的主要内容

$ 本章小结

建筑装饰工程贯穿我们生活中的各个角落，影响着我们的心理情绪，改变了我们的生活环境。建筑装饰工程监理作为装饰工程的重要环节，对装饰工程的质量、进度、投资等方面具有重大意义，与建筑相关的法律法规，有助于控制建筑装饰工程的质量与安全施工，监理人员在监理施工现场时能够有法可依。

P 课后练习

1. 在建筑装饰工程中实行监理制有什么意义？
2. 请简述建筑装饰工程监理的作用。
3. 建设工程监理的主要工作内容有哪些？
4. "监理"与"建设监理"的概念是什么？
5. 建筑装饰工程承发包的形式有哪几类？
6. 在建筑装饰工程中，监理具有哪方面的作用？
7. 工程建设监理主要有哪四个方面的特性？其主要职责是什么？
8. 监理工作并不是全盘接受业主的请求，请简要分析监理的工作范围。
9. 建设程序贯穿整个装饰工程的全过程，请简要阐述建筑程序的关系。
10. 组织一次监理工作实习，了解监理的日常工作情况。

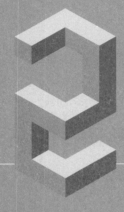

第二章

监理企业和监理人员

PPT 课件

» **学习难度：** ★ ★ ☆ ☆ ☆

» **重点概念：** 企业资质、审批、管理、协调、质量安全、监理工程师

» **章节导读：** 建筑装饰工程的主旨是人，施工作业有施工员，质量检测有质检员，同理来说，监理也有专业的监理人员，为建筑装饰工程施工作业保驾护航。作为一名合格的监理人员，需要具备专业素养与职业道德，监理人员需要经过考试获取专业证书，才能成为正式的监理师。

第一节　组织的基本原理

一、组织形式

监理企业与监理机构的组织规模与形式，应根据项目工程的环境、规模、类别、技术复杂程度，以及委托监理合同规定的服务内容、期限等因素确定。组织形式可采用直线式、职能式、并列式等不同形式。

1. 直线式

直线式组织形式的结构简单明了，各种职位按照垂直形态直线排列，容易理解与识别，其中人员分工明确、权力隶属关系直接，便于决策和领导。因此，这种组织形式在建筑装饰工程监理中被广泛运用（图2-1）。

（1）优点。结构比较简单，责任分明，命令统一。

（2）缺点。要求行政负责人通晓多种知识和技能，亲自处理各种业务。只适用于规模较小，生产技术比较简单的企业，对生产技术和经营管理比较复杂的企业并不适宜。

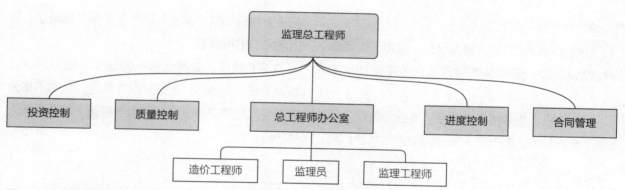

图2-1　直线式监理组织形式

2. 职能式

职能式组织形式从职能角度定位，进行人员配制，设置相应的管理部门和管理职务。横向联系与监理人员业务的提高较为方便，具有机动性和适应性，对于较为复杂的工程适用（图2-2）。

（1）优点。使用人员灵活性较大；有利于项目技术连续性的保持；专业人员可以从本职部门获得一条顺畅的晋升途径；由于专业人员属于同一部门，有利于知识和经验的交流，一个项目就能从该部门所具备的一切知识与技术中获得支持，这极为有助于项目的技术问题获得创造性地解决。

（2）缺点。没有一个直接对项目负责的强有力的权力中心或个人；不是以目标为导向的。没有客户问题处理中心；协调十分困难，导致责任不明确。

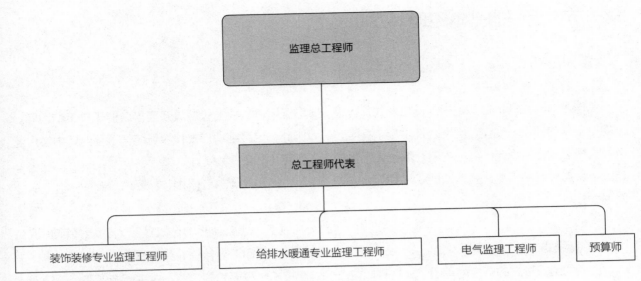

图 2-2 职能式监理组织形式

3. 并列式

并列式监理组织形式较为复杂，应用于大型综合型建设项目，建筑装饰装修工程中不采用（图 2-3）。

（1）优点。加强了横向联系，专业设备和人员得到了充分利用，实现了人力资源的弹性共享；具有较大的机动性，促进各种专业人员互相帮助，互相激发，相得益彰。

（2）缺点。成员位置不固定，有临时观念，导致责任心不够强；人员受双重领导，有时不易分清责任，需要花费很多时间用于协调，从而降低人员的积极性。

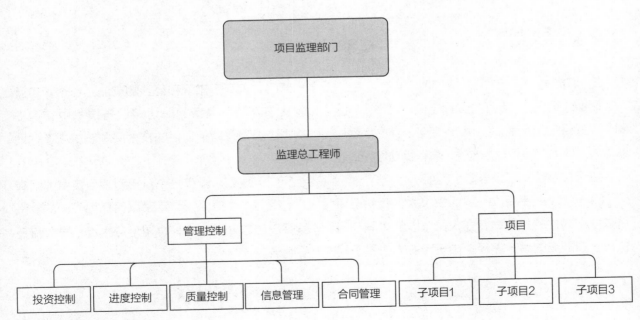

图 2-3 并列式监理组织形式

二、人员组织构成

《建筑法》第37条规定：工程监理企业选派监理总工程师和监理工程师时，应选择具备相应资格的，才能进驻施工现场。《建设工程监理规范》规定项目监理机构的监理人员应包括总监工程师，必要时可配备监理总工程师代表、专业监理工程师和监理员及其他辅助行政人员。

监理总工程师应由具有三年以上同类工程监理工作经验的人员担任；监理总工程师代表应具有两年以上同类工程监理工作经验的人员担任；专业监理工程师应具有一年以上同类监理工作经验的人员担任。监理员与辅助行政人员视项目规模而适量设置。

一般情况下，一名监理总工程师只适宜担任一个项目的监理总工程师工作。在特殊情况下，需要同时担任多个项目的总监工作时，必须经建设单位同意，且最多不得超过三项。

监理人员应专业配套、数量满足工程项目监理工作的需要，年龄和职称结构合理，职称结构如表2-1所示。

一般情况下，在监理投标时已向业主呈报过组成人员，如无特殊情况应按投标书组建并入场，否则业主可视为违约，如有特殊情况应向业主表明，征得业主同意。

表2-1   职 称 结 构

监理组织层次	职务	主要职能	对应的技术职称
项目监理部	监理总工程师	项目监理的策划	高级
	监理专业工程师	项目监理实施的组织与协调	高级、中级
现场监理员	质监员	监理实务的执行与作业	中级、初级
	计量员		
	预算员		

第二节 工程监理单位

一、资质申请和审批

1. 资质申请

（1）新设立的工程监理企业申请资质，应向建设行政主管部门提供下列资料：

①工程监理企业资质申请表。

②企业法人营业执照。

③企业章程。

④需要出具的其他有关证件、资料。

⑤工程监理人员的监理工程师注册证书。

⑥企业负责人和技术负责人的工作简历、监理

工程师注册证书等有关证明材料。

（2）工程监理企业申请资质升级，除向建设行政主管部门提供上述资料外，还应提供下列资料：

①企业原资质证书正、副本。

②企业的财务决算年报表；《监理业务手册》及已完成代表工程的监理合同、监理规划及监理工作总结。

（3）工程监理企业。应向企业注册所在地

的县级以上地方人民政府建设行政主管部门申请资质。

（4）中央管理的企业。直接向国务院建设行政主管部门申请资质，若申请甲级资质，由中央管理的企业向国务院建设行政主管部门申请，同时向企业注册所在地省、自治区、直辖市建设行政主管部门报告。

（5）新设立的工程监理企业。到工商行政管理部门登记注册并取得企业法人营业执照后，方可到建设行政主管部门办理资质申请手续。

2. 资质审批

（1）甲级资质。由国务院建设行政主管部门每年定期集中审批一次，在企业申请材料齐全的情况下，三个月内完成审批。经省、自治区、直辖市人民政府建设行政主管部门审核同意后，由国务院建设行政主管部门组织专家评审，并提出初审意见。

其中涉及铁道、交通、水利、信息产业、民航工程等方面工程监理企业资质的审批，由省、自治区、直辖市人民政府建设行政主管部门与同级有关专业部门审核同意后，报国务院建设行政主管部门初审并审批。由有关部门负责初审的，应从收齐企业申请材料之日起一个月内完成初审。同时，国务院建设行政主管部门应将审批结果通知初审部门。

审核部门应对工程监理企业的资质条件，申请资质提供的资料进行审查核实。申请甲级资质的工程监理企业需经专家评审合格、国务院有关部门初审合格；审查合格的企业名单，在中国工程建设和建筑业信息网上公示；经公示后，对符合工程监理标准的企业予以审批，并将审批结果在中国工程建设和建筑业信息网上公告。

（2）乙、丙级资质。由企业注册所在地省、自治区、直辖市人民政府建设行政主管部门审批；

其中交通、水利、通信等方面的工程监理企业资质，由省、自治区、直辖市人民政府建设行政主管部门征得同级有关部门初审同意后审批。可实行即时审批或定期审批，由审批部门自行决定。

（3）监理企业由于改制或者分立、合并时，根据实际达到的资质条件按照《管理办法》的规定程序审批。

（4）歇业或终止监理企业。因故歇业或终止经营时，其资质等级自行取消，资质等级证书交回原发证机关注销。监理企业属于技术服务行业，其开展经营活动与一般商业企业一样，应该具有工商局批准的营业执照。

3. 资质等级核定

新设立的工程监理企业，其资质等级按照最低等级核定，并设一年的暂定期。由于企业改制，或者企业分立、合并后组建设立的工程监理企业，其资质等级根据实际达到的资质条件，依法定审批程序核定。工程监理企业申请晋升资质等级，在申请之日前一年内有下列行为之一的，建设行政主管部门不予批准：

（1）转让工程监理业务的。

（2）超越本单位资质等级承揽监理业务的。

（3）允许其他单位或个人以本单位的名义承揽工程的。

（4）与建设单位或施工单位串通，弄虚作假、降低工程质量的。

（5）将不合格的建设工程、建筑材料、建筑构配件和设备按照合格签字的。

（6）与建设单位或工程监理企业之间相互串通投标，或者以行贿等不正当手段谋取中标的。

（7）因监理责任而发生过三级以上工程建设重大质量事故或发生过两起以上四级工程建设质量事故的。

（8）其他违反法律法规的行为。

4. 监理资质等级划分（表2-2）

表 2-2　　　　　　　　　　　　　　　　监理单位资质等级划分

等级划分	注册资本	从事建设工程经历	监理项目类型	可监理工程等级
甲级监理单位	注册资本不少于100万元	单位负责人和技术负责人应具有15年以上从事工程建设工作的经历，单位技术负责人应为取得监理工程师注册证书的人员不少于25人	近3年内监理过5个以上二等房屋建筑工程项目，或者3个以上二等专业工程项目	可监理经核定的工程类别中一、二、三等工程
乙级监理单位	注册资本不少于50万元	单位负责人和技术负责人应当具有10年以上从事工程建设工作的经历，单位技术负责人应当取得监理工程师注册证书；取得监理工程师注册证书的人员不少于15人	近3年内监理过5个以上三等房屋建筑工程项目，或3个以上三等专业工程项目	可监理经核定的工程类别中二、三等工程
丙级监理单位	注册资本不少于10万元	单位负责人和技术负责人应具有8年以上从事工程建设工作的经历，单位技术负责人应取得监理工程师注册证书；取得监理工程师注册证书的人员不少于5人	承担过2个以上房屋建筑工程项目，或1个以上专业工程项目	可监理经核定的工程类别中三等工程

二、资质审批制度

我国监理制推行以来，发展十分迅速，为了限定监理企业依法经营业务，促进工程建设监理事业按法制轨道发展，对监理企业实行资质审批制度，中华人民共和国建设部于1992年1月28日发布16号令：《工程建设监理企业资质管理试行办法》（以下简称《试行办法》），2月1日起施行。经过几年的实践，2001年8月23日经建设部第47次常务会议通过，签发并颁布102号部令：《工程监理企业资质管理规定》（以下简称《管理规定》）。2006年12月11日经建设部第112次常务会议讨论通过了最新版本的《管理规定》，自2007年8月1日起施行。

上述文件中，对监理企业的资质申请、主项资质和增项资质、资质审批及资质年检和证书的管理更加完善，对原定各级的基本条件都有所提高，《管理规定》主要条款精神如下：

1. 关于监理企业的资质管理体制

国务院建设行政主管部门负责全国监理企业资质的归口管理工作。国务院铁道、交通、水利业、民航等有关部门配合国务院建设行政主管部门，实施相关资质类别工程监理企业资质的管理工作。省、自治区、直辖市人民政府建设行政主管部门负责本行政区域内工程监理企业资质的归口管理工作。省、自治区、直辖市人民政府交通、水利、通信等有关部门配合同级建设行政主管部门实施相关资质类别工程监理企业资质的管理工作。

上述规定较《试行办法》淡化了国务院各部门的政府机构的管理职能，突出了地域管理的作用，这就更加符合市场经济的发展规律。

2. 监理企业资质等级的划分

监理企业分为甲、乙、丙三级，各级的基本条件详见102号令。相对于监理企业的分级，监理企业承担的工程类别与等级的监理业务必须匹配。《管理规定》比《试行办法》淡化了对监理人员的职称要求，强调了对监理的经历和注册要求，这种做法有利于提升与促进监理行业的整体水平。

按照《试行办法》规定，经批准的监理企业只能领取临时资质等级证书，自领取营业执照之日起，从事监理工作满两年后，方可向监理资质管理部门申请核定资质等级。因为一两年内往往完不成工程建设项目，工程没有竣工，三大目标控制的效果很难得到最终的认定。

监理工作尚未结束时，难以评价监理工作的优劣，因此，具有两年以上监理业绩才可以申请定级。只有认定了监理成效，才能评定一个监理企业的能力大小，才能确定其资质等级的高低。表面上看来似乎是合乎情理的规定，但其中存在巨大的漏洞，由于临时级企业可以承揽任何等级建筑工程的监理任务，这无疑会导致市场的混乱和管理的难度，造成一定的不良后果。

因此，《管理规定》明确新设立的监理企业按最低等级核定其资质，并设一年的暂定期。这就避免了《试行办法》的缺陷，加强了临时级企业的定级约束与较快的升级渐进性，对企业的发展和上级的管理更有利。

3. 监理工程师资格考试注册制度

《监理工程师资格考试和注册试行办法》（简称《资格考试试行办法》），于1992年7月1日起施行至今，近年来，每年建设部发布当年的注册工作通知，为满足当初监理行业发展及现场工作的需要，每年5月进行一次全国考试。这些工作标志着建设监理组织和队伍建设在逐渐完善，建设监理正沿着健康的轨道有序地发展。

R 补充要点

监理企业资质等级审定的条件

（1）监理企业负责人的专业技术素质。

（2）监理企业的群体专业技术素质及专业配套能力。

（3）注册资金的数额。

（4）监理工程的等级和竣工的工程数量以及监理成效。

---

4. 违规处罚

《试行办法》对违规缺少定量处理标准，《管理办法》明确了处罚尺度，使得监理企业约束自身的经营活动更有警示作用，对市场的有序发展有推动作用。

监理企业的资质管理是一项严肃的工作，对建设市场的健康发展有直接关系，在上级主管部门领导下，各级具体工作人员必须严格执法。

三、资质年检

建设行政主管部门对工程监理单位资质实行年检制度。甲级工程监理单位资质，由国务院建设行政主管部门负责年检；其中铁道、交通、水利、信息产业、民航等方面的工程监理单位资质，由国务院建设行政主管部门会同国务院有关部门联合年检；乙、丙级工程监理单位资质，由工程监理单位注册所在的省、自治区、直辖市人民政府建设行政主管部门负责年检；其中交通、水利、通信等方面的工程监理单位资质，由建设行政主管部门会同同级有关部门联合年检。

工程监理企业资质年检按照下列程序进行：工程监理企业在规定时间内向建设行政主管部门提交《工程监理企业资质年检表》《工程监理企业资质证书》《监理业务手册》以及工程监理人员变化情况及其他有关资料，并交验《企业法人营业执照》；建设行政主管部门会同有关部门在收到工程监理企业年检资料后40日内，对工程监理企业资质年检做出结论，并记录在《工程监理企业资质证书》副本的年检记录栏内。

工程监理单位资质年检的内容是检查工程监理单位资质条件，是否符合资质等级标准、是否存在质量、市场行为等方面的违法违规行为。

工程监理单位年检结论分为合格、基本合格、不合格三种，如表2-3所示。

表2-3 　　　　　　　　　　　　　工程监理单位年检合格划分

是否合格	标准
合格	工程监理企业资质条件符合资质等级标准，且在一年内未发生《工程监理企业资质管理规定》第十六条所列行为的，年检结论为合格
基本合格	工程监理企业资质条件中，监理工程师注册人员数量、经营规模未达到资质标准，但不低于资质等级标准的80%，其他各项均达到标准要求，且在过去一年内未发生《工程监理企业资质管理规定》第十六条所列行为的，年检结论为基本合格
不合格	资质条件中监理工程师注册人员数量、经营规模的任何一项未达到资质等级标准的80%，或者其他任何一项未达到资质等级标准；有《工程监理企业资质管理规定》第十六条所列行为之一的，已经按照法律、法规的规定予以降低资质等级处罚的行为，年检中不再重复追究

在工程监理企业资质年检中，连续两年基本合格或不合格的企业，建设行政主管部门应重新核定其资质等级。新核定的资质等级应低于原资质等级，达不到最低资质等级标准的企业，应强制取消资质。连续两年年检合格的工程监理企业，可以申请晋升上一个资质等级。

ℝ 补充要点

承包工程范围

1. 特级企业。

　　可承担各类房屋建筑工程的施工。

2. 一级企业。

　　可承担单项建安合同额不超过企业注册资本金5倍的下列房屋建筑工程的施工：40层及以下、各类跨度的房屋建筑工程，高度240m及以下的构筑物，建筑面积200000m² 及以下的住宅小区或建筑群体。

3. 二级企业。

　　可承担单项建安合同额不超过企业注册资本金5倍的下列房屋建筑工程的施工：28层及以下、单跨跨度36m及以下的房屋建筑工程，高度120m及以下的构筑物，建筑面积120000m² 及以下的住宅小区或建筑群体。

4. 三级企业。

　　可承担单项建安合同额不超过企业注册资本金5倍的下列房屋建筑工程的施工：14层及以下、单跨跨度24m及以下的房屋建筑工程，高度70m及以下的构筑物，建筑面积60000m² 及以下的住宅小区或建筑群体。

四、从业单位资格许可

1. 符合国家规定的注册资本

符合国家规定的注册资本是指建筑施工企业、勘察单位、设计单位和工程监理单位在申请设立注册登记时，应达到国家规定的注册资本的数量标准。关于上述单位应当具有最低注册资本的具体数额，应按照其他有关法律、行政法规的规定执行。根据《建筑业企业资质管理规定》的有关规定，建筑业企业资质等级标准由国务院建设行政主管会同国家有关部门制定。此外，需要注意的是，设立从事建筑活动的有限责任公司或股份有限公司时，其注册资本必须符合《中华人民共和国公司法》以下简称《公司法》的有关规定。

建设部制定的《建筑业企业资质管理规定》对房屋建筑工程施工总承包企业、公路工程施工总承包企业的注册资本的最低限额做出规定；《工程监理企业资质管理规定》对工程监理单位的注册资本的最低限额做出以下明确规定：

（1）公路工程施工企业。特级企业注册资本金3亿元以上，一级企业注册资本金6000万元以上，二级企业注册资本金3000万元以上，三级企业注册资本金1000万元以上。

（2）房屋建筑工程施工企业。特级企业注册资本金3亿元以上，一级企业注册资本金5000万元以上，二级企业注册资本金2000万元以上，三级企业注册资本金600万元以上。

（3）监理单位。甲级监理单位注册资本金100万元以上，乙级监理单位注册资本金50万元以上，丙级监理单位注册资本金10万元以上。

2. 具有法定执业资格的专业技术人员

建筑施工企业、勘察单位、设计单位和工程监理单位等，必须有与其从事建筑活动相适应的专业技术人员，如注册建筑师、注册结构师和注册监理师等。同时，这些专业技术人员必须具有法定的职业资格，即经过国家统一考试合格，并依法批准注册的专业证书。

3. 有从事相关建筑活动所应有的技术装备

是指具有与其建筑活动相关的技术装备，是建筑施工企业、勘察单位、设计单位和工程监理单位进行正常施工、勘察设计和监理工作的重要的物质保障。没有相应技术装备的单位，严禁从事建筑活动。

4. 法律、行政法规规定的其他条件

建筑施工企业、勘察单位、设计单位和工程监理单位除了具备上述三项条件外，还应具有从事经营活动所应具备的其他条件。按照《中华人民共和国民法通则》第37条规定：法人应当有自己的名称、组织机构和场所。按照《公司法》规定：设立从事建筑活动的有限责任公司和股份有限公司，股东或发起人必须符合法定人数；股东或发起人共同制定公司章程；有公司名称，建立符合要求的组织机构；有固定的生产经营场所和必要的生产条件等。

五、监督与管理

国务院建筑行政主管部门负责全国建筑企业资质的归口管理工作。县级以上人民政府建设主管部门和其他有关部门应依照有关法律、法规，加强对建筑业企业资质的监督管理。禁止任何部门采取法律、行政法规规定以外的其他资信、许可等建筑市场准入限制。

1. 对建筑企业资质实行年检制度

施工总承包特级资质和一级资质、专业承包一级资质，由国务院建设行政主管部门负责年检；交通、水利、铁道、信息产业、民航等方面的建筑企业资质，由国务院建设行政主管部门会同国务院有关部门联合年检。

施工总承包、专业承包二级及二级以下企业资质、劳务分包企业资质，由企业注册所在地省、自治区、直辖市人民政府建设行政主管部门负责年检；其中交通、水利、通信等方面的建筑企业资质，由建设行政主管部门会同同级有关部门联合年检。

2. 工程勘察、设计企业资质许可

建设工程勘察是指根据建设工程的要求，查明、分析、评价建设场地的地质地理环境特征和岩土工程条件，编制建设工程勘察文件的活动。建设工程勘察包括以下建设工程项目（图2-4）。

从事建设工程勘察、工程设计活动的企业，应按照其拥有的注册资本、专业技术人员、技术装备和勘察设计业绩等条件申请资质；经审查合格，取得建设工程勘察、工程设计资质证书后，方可在资

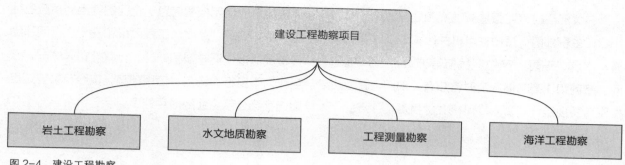

图 2-4　建设工程勘察

质许可的范围内从事建设工程勘察、工程设计活动；取得工程勘察、工程设计资质证书的企业，可以从事资质证书许可范围内的建设工程总展包业务及工程项目管理和相关的技术与管理服务。

3. 工程建设监理企业的资质管理

监理企业是指具有法人资格，取得资质证书，主要从事工程建设监理业务的监理公司、监理事务所等，也包括法人资格单位下属的从事监理业务的二级机构，如设计院中的监理部等。它是建筑市场的三大主体之一，按其资质等级可分为甲、乙、丙三级，按其业务范围可分为不同专业类别，对其资质的管理是保证监理企业正常运营和健康发展的关键。

4. 工程建设监理的管理体系

全国人民代表大会常务委员会负责制定我国工程建设监理行业的基本法律。如《建筑法》《招标投标法》《合同法》等，并部署检查各种法律的推行情况。

国家发展计划委员会和建设部共同负责推进建设监理事业的发展。由建设部归口管理全国的监理企业资质管理工作，省、自治区、直辖市建设主管部门负责本行政区地方监理企业资质管理工作；国务院交通、工业等部门配合建设部参与负责管理本部门直属监理企业的资质管理工作；国家工商局负责办理监理企业申办营业执照和监督其合法经营；国家物价局及建设部负责制定取费标准等工作。

监理协会是国家批准的社团组织，协助政府主管部门为监理企业的发展做工作，如制定规范、规程，组织监理工程师培训和继续教育、编写教材、组织考试、推动企业改革等。

5. 工程勘察管理

根据利害关系人的请求或依据职权，有下列情形之一的，资质许可机关或其上级机关，可以撤销工程勘察、工程设计资质：

（1）对不符合许可条件的申请人做出的工程勘察、工程设计资质许可。

（2）超越法定职权做出的准予工程勘察、工程设计资质许可。

（3）违反资质审批程序做出的准予工程勘察、工程设计资质许可。

（4）资质许可机关工作人员滥用职权、玩忽职守，做出的准予工程勘察、工程设计资质许可。

（5）依法可以撤销资质证书的其他情形。

6. 工程设计资质管理

有下列情形之一的，企业应及时向资质许可机关提出注销资质的申请，交回资质证书，资质许可机关应当办理注销手续，公告其资质证书作废：

（1）资质证书有效期届满未依法申请延续。

（2）企业依法终止的资质。

（3）资质证书依法被撤销、撤回，或吊销。

（4）法律、法规规定的应当注销资质的其他情形。

有关部门应将监督检查情况和处理意见及时告知建设主管部门。资质许可机关应将涉及铁路、交通、水利、信息、产业、民航等方面的资质被撤回、撤销和注销的情况及时告知有关部门。企业应按照有关规定，向资质许可机关提供真实、准确、完整的企业信用档案信息。企业的信用档案应包括企业基本情况、业绩、工程质量和安全、合同违约等情况。被投诉举报和处理、行政处罚等情况，应当作为不良行为记入其信用档案，按照有关规定定期向社会公示企业的信用档案。

第三节 监理人员

一、监理工程师

监理工程师是岗位职务而不是技术职称。监理工程师是指经过考试，取得国务院建设行政主管部门与人事行政主管部门共同颁发的监理工程师执业资格证书，并经监理工程师注册机关注册，从事建设工程监理工作的人员。监理工程师代表业主监控工程质量，是业主和承包商之间的桥梁。不仅要求执业者懂得工程技术知识、成本核算，还需要其非常了解建筑法规。

未取得注册证书和执业印章的人员，不得以监理工程师的名义从事工程监理及相关业务活动。监理工程师实行注册执业管理制度，取得资格证书的人员，经过注册方能以监理工程师的名义执业。国务院建设主管部门对全国监理工程师的注册、执业活动实施统一监督管理。

1. 监理工程师的职业道德与守则

工程建设监理是建设领域中高层次的技术服务工作，除要求从业人员具有较高学历、多学科知识、丰富的实践经验外，其中介性质对从业者政策水平和品德提出了更高的要求。在施工监理过程中，每个监理人员都必须遵守监理工程师职业道德和工作守则。

（1）维护国家的荣誉和利益，按照"守法、诚信、公正、科学"的准则执业。

（2）执行有关工程建设的法律、法规，履行监理合同规定的义务和职责。在坚持按监理合同的规定向业主提供技术服务的同时，帮助被监理者完成其担负的建设任务。

（3）努力学习专业技术和建设监理知识，接受行业的再教育，不断提高业务能力和监理水平。

（4）不以个人名义承揽监理业务。

（5）不同时在两个或两个以上监理企业注册和从事监理活动，不在政府部门和施工、材料设备的生产供应等单位兼职。

（6）不为所监理项目指定承建商、建筑构配件、设备、材料和施工方法。

（7）不收受被监理企业的任何礼金。不擅自接受业主额外的津贴，也不接受被监理企业的任何津贴，不接受可能导致判断不公的报酬。

（8）不泄露所监理工程各方认为需要保密的事项。

（9）认真履行工程建设监理合同所承诺的义务和承担约定的责任。

（10）坚持科学的态度和实事求是的原则，坚持公正的立场，公平处理有关各方的争议，不得损害他人名誉。

监理工程师的工作应受到社会的监督，若违背职业道德或违反工作纪律，将受到业主与被监理方的投诉，监理公司内部应进行教育处理。若造成工程质量事故，则根据有关法律受到制裁。

2. 监理工程师应具备的素质

监理工程师是监理企业派驻工程项目现场进行监督管理的技术人员，不仅需要具有较强的专业知识，更应该具有较高的政策水平和协调能力，综合而论，监理工程师应该是复合型人才，应具备以下几方面素质：

（1）高层次学历和多学科的知识结构。根据国外经验，监理工程师的学历都在本科以上，以硕士居多，还有博士。我国为满足工作要求和国际形势的需要，也规定参加监理工程师考试的条件为具有中级职称3年以上或具有高级技术职称的工程设计或施工管理人员，这就间接反映出对监理工程师的学历要求较高，在知识结构中，专业知识只是最基本的要求，还应该具有经济法律等相关的社会学科的知识，只有知识结构丰满，才能适应工程质量控制的要求。

（2）丰富的实践经验。监理工作要在项目的现场对施工质量、进度、投资进行控制，因为现场充满各种矛盾，人与人、单位与单位、材料与环境、业主的要求和客观条件的限定等。必须有丰富的经验才能分析出矛盾的主次，采取应急措施，有序地解决，使工程按原计划顺利进行。没有相当的实践经验是很难胜任的，所以要求监理工程师必须具有施工管理的实际经历。

（3）较高的政策水平、良好的道德品质。监理工作不单纯是建筑类的专业工作，也是一门综合了社会科学、政策法律的管理工作，监理工程师除了应具有熟练的专业技术外，还必须具有较高的政策水平和法律意识，这需要监理工程师不断地学习和提高自己。具有良好的职业操守，热爱自己事业，有很强的敬业精神。廉洁奉公、主持公道更是从事监理工作的基本的道德品质。

（4）身体健康、精力充沛。监理工作不同于科研、教学、设计等室内工作，必须在现场从事露天作业，而且在建筑物从地基开挖到结构封顶和装修完毕的全过程中，随时在操作现场进行检查，工作条件艰苦，环境较差，必须有健康的身体和充沛的精力才能坚持。因此，监理工程师注册的条件之一是身体健康，胜任现场监理工作，如北京市建委规定超过65岁的监理工程师不再给予注册。

二、监理总工程师

监理总工程师是由监理单位法定代表人任命，并书面授权，按合同项目设立的行政职务。在项目监理机构中，总工程师对外代表监理单位，对内负责项目监理机构日常工作。

1. 监理总工程师职责

（1）确定项目监理机构人员及其岗位职责。

（2）组织编制监理规划，审批监理实施细则。

（3）根据工程进展情况安排监理人员进场，检查监理人员工作，调换不称职的监理人员。

（4）组织召开监理例会。

（5）组织审核分包单位资格。

（6）组织审查施工组织设计、（专项）施工方案、应急救援预案。

（7）审查开复工报审表，签发开工令、工程暂停令和复工令。

（8）组织检查施工单位现场质量、安全生产管理体系的建立及运行情况。

（9）组织审核施工单位的付款申请，签发工程款支付证书，组织审核竣工结算。

（10）组织审查和处理工程变更。

（11）调解建设单位与施工单位的合同争议，处理费用与工期索赔。

（12）组织验收分部工程，组织审查单位工程质量检验资料。

（13）审查施工单位的竣工申请，组织工程竣工预验收，组织编写工程质量评估报告，参与工程竣工验收。

（14）参与或配合工程质量安全事故的调查和处理。

（15）组织编写监理月报、监理工作总结，组织整理监理文件资料。

2. 监理总工程师的岗位职责标准（表2-4）

表2-4   监理总工程师的岗位职责标准

项目	职责内容	考核要求	
		标准	完成时间
工作指标	项目投资控制	符合投资分解规划	每月（季）末及竣工
	项目进度控制	符合合同工期及总控制进度计划	每月（季）末及竣工
	项目质量控制	符合质量验收标准	各分部工程阶段末及竣工
基本职责	根据业主委托与授权，代表企业负责和组织项目的监理工作	协调各方面的关系，组织监理活动的实施	施工期内
	根据监理委托合同，制定项目监理规划并组织实施	对项目监理工作进行系统策划，组建好项目监理班子	合同生效后1个月内
	审核各子项、各专业监理工程师编制的监理工作计划或实施细则	应符合监理规划，并具有可行性	各子项专业监理开展前15日
	监督和指导各子项、各专业监理工程师对投资、进度、质量进行监控，并按合同进行管理	使监理工作进入正常工作状态，使工程处于受控状态	平时开展工作，每月末检查
	做好建设过程中有关各方面的协调工作	使工程处于受控状态	平时开展工作，每月末检查
	签署监理组对外发出的文件、报表及报告	及时、完整、准确	平时开展工作，每月末检查
	审核、签署项目的监理档案资料	完整、准确、真实	竣工后15天或依合同约定

3. 监理总工程师负责制

（1）监理总工程师是工程监理的责任主体。责任是监理总工程师负责制的核心，它构成了对监理总工程师的工作压力与动力，也是确定监理总工程师权力和利益的依据。所以监理总工程师应是向业主和监理单位所负责任的承担者。

（2）监理总工程师是工程监理的权力主体。根据监理总工程师承担责任的要求，监理总工程师全面领导建设工程的监理工作，包括组建项目监理机构，主持编制建设工程监理规划，组织实施监理活动，对监理工作总结、监督、评价。

三、监理总工程师代表

监理总工程师代表由监理总工程师任命并授权，行使监理总工程师授予的权力，从事监理总工程师指定的工作，需具有工程类注册执业资格或具有中级及以上的专业技术职称、3年及以上的工程

实践经验并接受过监理业务培训。监理总工程师代表应履行以下职责：

（1）负责监理总工程师指定或交办的监工作。

（2）按监理总工程师的授权，行使监理总工程师的部分职责和权利。

（3）协助监理总工程师选择确定本项目部门的负责人员。

（4）协助监理总工程师主持监理工作会议。

（5）参加编制监理规划、检查各专业项目监理实施细则。

（6）审查承包单位的资质，并提出审查意见。

（7）协助监理总工程师主持或参与工程质量事故的调查。

（8）审查承包单位提交的施工组织设计，进度计划。

（9）审查和处理工程变更。

（10）审查签认分部、分项、单位工程质量，检查验评资料和承包单位的竣工申请，参与工程项

目的竣工验收。

（11）定时或不定时巡视本工地现场，及时发现和提出问题并进行处理。

（12）组织编写监理月报、监理工作阶段报告、专题报告和项目监理工作总结。

（13）协助监理总工程师主持整理工程项目的监理资料。

（14）定期或不定期向公司汇报监理工作情况。

（15）认真执行本公司的指示、决议和业主方符合监理合同所规定的范围的指示。

🄡 **补充要点**

监理总工程师不能委托的工作

根据《建设工程监理规范》（GB/T 50319—2013）规定，监理总工程师不能委托给监理工程师代表的工作如下：

（1）组织编制监理规划，审批监理实施细则。

（2）根据工程进展及监理工作情况调配监理人员。

（3）组织审查施工组织设计、（专项）施工方案。

（4）签发工程开工令、暂停令和复工令。

（5）签发工程款支付证书，组织审核竣工结算。

（6）调解建设单位与施工单位的合同争议，处理工程索赔。

（7）审查施工单位的竣工申请，组织工程竣工验收，组织编写工程质量评估报告，参与工程竣工验收。

（8）参与或配合工程质量安全事故的调查和处理。

四、专业监理工程师

专业监理工程师是指根据项目监理岗位职责分工和监理总工程师的指令，负责实施某一专业或某一方面的监理工作，具有相应监理文件签发权的监理工程师，需具有工程类注册执业资格或具有中级及以上专业技术职称，两年及以上工程实践经验。

专业监理工程师应履行以下职责：

（1）参与编写监理规划，负责编制监理实施细则。

（2）审查施工单位提交的涉及本专业的报审文件，并向监理总工程师报告。

（3）参与审核分包单位资格。

（4）指导、检查监理员工作，定期向监理总工程师报告本专业监理工作的实施情况。

（5）检查进场的工程材料、构配件、设备的质量。

（6）验收检验批、隐蔽工程、分项工程，参与验收分部工程。

（7）处理质量问题和安全事故隐患。

（8）工程计量。

（9）参与工程变更的审查和处理。

（10）组织编写监理日志，参与编写监理月报。

（11）收集、汇总、参与整理监理文件资料。

（12）参与工程竣工预验收和竣工验收。

监理岗位职责分工见表2-5。

表 2-5 监理岗位职责分工

项目	职责内容	考核要求	
		标准	完成时间
工作指标	投资控制	符合投资分解规划	月末及竣工
	进度控制	符合控制性进度计划	月末及竣工
	质量控制	符合质量验收标准	分型工程各阶段末及竣工
	合同管理	按合同约定	月末及竣工
基本职责	在项目监理总工程师领导下，熟悉项目情况，监理的特点与要求	制订本专业监理工作计划或实施细则	实施前1个月内
	具体负责组织本专业监理工作	监理工作有序，工程处于受控状态	平时开展工作，每周（月）检查
	做好与有关部门的协调工作	保证监理工作及工程顺利进展	平时开展工作，每周（月）检查、协调
	处理与本专业的重大问题并及时向监理总工程师报告	及时、如实	问题发生后10日内
	负责与本专业有关的签证	及时、如实、准确	每件事发生后2日内
	负责整理本专业有关的竣工资料	完整、准确、真实	竣工后10天或依合同约定

五、监理员

监理员属于工程技术人员，不同于项目监理机构中的其他行政辅助人员，主要负责学习和贯彻有关建设监理政策。监理员应履行以下职责：

（1）认真学习和贯彻有关建设监理的政策、法规，以及国家和省、市有关工程建设的法律、法规、政策、标准和规范。

（2）认真学习设计图纸及设计文件，正确理解设计意图，严格按照监理程序、监理依据，在专业监理工程师的指导授权下进行检查、验收。

（3）熟悉所监理项目的合同条款、规范、设计图纸，在专业监理工程师领导下开展现场监理工作，并及时报告施工过程中出现的问题。

（4）检查承包单位投入工程项目的人力、材料、主要设备的使用、运行状况，并做好检查记录。

（5）复核或从施工现场直接获取工程计量的有关数据并签署原始凭证。

（6）按设计图及有关标准，对承包单位的工艺过程或施工工序进行检查和记录，对加工制作及工序施工质量检查结果进行记录。

（7）担任旁站工作，发现问题及时指出并向专业监理工程师报告。

（8）记录工程进度、质量检测、施工安全、合同纠纷、施工干扰、监管部门和业主意见、问题处理结果等监理记录，协助专业监理工程师收集监理资料，进行汇总与整理后统一归档。

（9）完成专业监理工程师（或监理总工程师）交办的其他任务。

第四节　建筑装饰工程监理组织协调

一、监理工作中组织协调的必要性

目前，我国在工程项目监理制度方面还存在诸多问题，执行方面依然有出入，制度还不够完善，导致监理人员的基本职能不能最大程度发挥出来。建筑装饰工程监理不仅仅是对质量、安全、投资方面的控制，其中一个重要的工作就是对装饰项目参与各方的关系协调，监理人员作为中间人存在，通过监理的组织协调，让项目参与各方之间增加交流沟通，促进各方关系的和谐相处。通过监理协调好各方的关系，有利于在实际装饰施工中各参与方和谐共处，提高项目管理效率。促使建设项目顺利进行，实现项目总体目标。

二、监理对建设工程投资、质量、进度的协调

1. 投资控制

在基础施工中，由于部分地质条件复杂，设计布点勘探未发现的孤石、废弃泥浆池、标高不一致的泥坑等，都会导致工程量的变更；因政策处理造成的线路基础移位、施工人员窝工的费用变更；建设单位要求增加的合同外的工程量；施工单位为施工方便改变施工工艺，结合工程实际情况需要原材料等；装饰材料测量不足引起的材料缺失，导致更换材料或延长工期。

这些变动都会对工程产生影响，甚至会拖延工期，引起索赔。因此，这种情况下凸显出监理协调工作的重要性，只有处理好工程变更，协调好各方关系，才能将因变更产生的负效应降到最低程度。

2. 进度控制

在工程装饰项目过程中，由于涉及不同专业、不同单位、不同项目的施工人员的施工作业，众多元素集中在一起，必然存在衔接和协调问题。因此，控制进度的关键在于协调各参与方，通过已制订的项目实施总进度计划，围绕分解的各单位工程工期及关键节点，事前协调，保证总工期目标的实现。

在实施过程中，有效地协调工作有利于对施工现场的动态控制和调整，掌握装饰工程的实际进度，使实际进度不偏离总进度计划；对已经偏离实际计划的进度，通过事后及时的协调工作，调整相应的施工计划、材料设备、资金供应计划等，在新的条件下协调偏离的工期。对进度计划事前、事中、事后的协调工作是保证实现项目工期总进度计划目标的重要手段。

3. 质量和安全工作

工程建设中，保证质量与安全工作是监理人员的首要职责。由于施工人员、方法、材料、设备和施工环境等影响，特别是工程建设不可预见的因素，会导致一些质量问题和安全隐患，使施工行为偏离合同和规范标准。而现场施工条件的复杂性，可能导致有些安全质量问题存在争议、责任区分边界模糊等，因此，这些情况下发生矛盾的概率增大。监理应抓住问题的主要矛盾，协调化解矛盾，及时做好纠偏和协调工作，这样不仅可以对安全隐患采取预控措施，防患于未然，还可以防止造成不必要的损失。

三、管理协调

监理不仅要时刻盯着建筑装饰施工现场，还要从技术下功夫，建立一整套健全的管理制度。通过制度管理来减少施工中的乱象，解决各专业的配合问题。同时，建立以甲方、监理工程师、项目经理为主的统一领导，由专人统一指挥，解决各施工单

位的协调工作。作为甲方、监理工程师、项目经理，首先要全面了解、掌握各专业的施工工序，设计要求。只有这样才有可能统筹各专业的施工队伍，保证施工的每一个环节有序到位，整个施工管理才能有条不紊地进行下去。管理制度有以下几个方面：

1. 建立问题责任制度

建立由管理层到班组逐级的责任制度，实行责任到人，出现问题能够快速找到责任人，能够提高解决问题的效率。

2. 建立奖罚制度

在责任制度的基础上建立奖惩制度，提高施工人员的责任心和积极性。通过赏罚分明的制度，有利于调动施工人员的工作效率。

3. 建立严格的隐蔽验收与中间验收制度

隐蔽验收与中间验收是做好协调管理工作的关键。这时的工作依据从图纸设计阶段进入施工阶段，是对设计的检验。这时各专业之间的问题更加形象与直观，问题更容易发现，同时也更容易解决和补救。通过各部门认真检查问题，可以把损失降到最小。

四、组织协调

建立专门的协调会议制度，建设单位、项目经理应定期组织举行协调会议，解决施工中的协调问题。对于较复杂的部位，在施工前应组织专门的协调会，使各专业队进一步明确施工顺序和责任。通过协调工作来减少施工中的质量、进度问题，有助于建立良好的施工环境。

施工中协调部分的常见问题包括：电气部分与土建的协调；给排水与建筑结构的协调；建筑的外表、功能与结构的关系；各种预制件、预埋件、装饰与结构的关系及施工的特点、要求；各辅助专业之间的协调等。

ℝ 补充要点

1. 组织协调工作的原则

　　建设工程项目主要包含三个主要的组织系统，项目业主、承包商和监理，而整个建设项目又处于社会的大环境中，项目的组织与协调工作包括系统的内部协调，主要有人际关系的协调、组织关系的协调、供求关系的协调、配合关系的协调、约束关系的协调。各种关系的协调均应遵守如下原则。

（1）守法。必须在国家有关工程建设的法律、法规的许可范围内去协调。对于监理工程师，更应该严格遵守法律法规，只有这样才能做好组织与协调工作。

（2）公正。要站在公正的立场上，公平地处理每一个纠纷，一切以最大的项目利益为原则，做好组织与协调工作，必须按照合同的规定，维护合同双方的利益，这样才能最终维护好业主的利益。

（3）协调与控制目标一致。在工程建设中，应该注意质量、工期、投资、环境、安全的统一，不能有所偏废。协调与控制的目标是一致的，不能脱离建设目标去协调。

---

2. 监理在工程项目建设过程中的协调

（1）对总包单位、分包单位和其他专业施工队伍的协调。主要是以总包单位为主，对分包单位和其他专业施工队伍进行协调，落实由业主、监理和总包单位已确定的事项。监理和业主应有机参与协调，共同加入运转，特别是部分专业施工队伍由业主自行选定时，监理更应协调他们之间的关系。

例如，在土建还没有交付使用的情况下，装饰、通风空调、强弱电、电梯、消防等共十几家单位也进场施工，其中大部分是由总包进行的分包，部分由业主选定，由于交叉施工太多互相影响进度，而且总包土建未完成，各分包队伍进场施工可能造成各方的产品破坏和污染，经济责任也不明确，监理应该经常召集业主、总包土建方和各家分包单位进行综合协调会议。

在会上，规定各分包队伍进场时先将各自施工计划上报总包，由总包制订总体网络进度计划，统筹安排交叉作业，各专业分包按关键线路有序进行施工。各专业分包队伍必须在监理见证下，与土建方办理交接手续，对产品破坏和污染等由责任方承担相关责任。由于监理能事先协调各方，因此，工程施工期间争议和互相影响都减少，保证施工顺利进行。

（2）与业主的协调。监理在进行协调工作时，一方面应充分尊重业主，维护业主的合法权益，并加强与业主代表的沟通，取得理解和支持，尽一切努力促使总包单位采取有效可行的措施，使工程按期、保质、可能低的造价建成，使业主受益；另一方面，监理对业主也不能盲从，要用自己对工程建设法律法规、技术规范、专业技术、工程经验等方面的优势，为建设单位提供咨询、做好参谋、严格把关，让建设单位对工程管理的各项目标心中有数。

🅢 本章小结

建筑装饰工程离不开监理人员，在监理企业，监理人员分为不同的等级，呈现出从上到下的组织框架，监理工程师、监理总工程师、监理总工程师代表、专业监理工程师、监理员在监理工作中扮演着不同的角色，为建筑装饰公衡保驾护航。学习本章节知识，有助于对监理企业的结构组织，对监理人员的职业岗位有一个较为清晰的认识。

🅟 课后练习

1. 在建筑装饰监理中，常用的组织形式有哪几种？
2. 请分别介绍甲级、乙级、丙级监理单位的资质。
3. 监理单位如何进行资质年检？
4. 监理单位的资质等级如何评定？
5. 监理人员主要分为哪几个等级？
6. 监理总工程师代表在传达、接受监理总工程师的指示时，要遵循哪些不可为原则？
7. 建筑装饰工程监理的组织协调主要是对哪方面的协调？意义是什么？
8. 请简要分析监理人员在建筑装饰项目中的作用。
9. 请进行一次监理建筑装饰工程实践活动，并发表自己的心得体会。

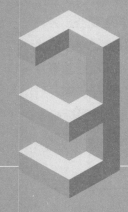

第三章

建筑装饰工程目标控制与安全施工管理

PPT 课件

» 学习难度：★ ★ ★ ☆ ☆

» 重点概念：基本控制环节、生产管理、事故处理、管理制度

» 章节导读：由于建筑装饰工程的周期长，在工程实施过程中风险因素很多，实际情况
　　　　　　偏离目标计划的现象时有发生，常常伴随着投资增加、工期延误、工程质
　　　　　　量和功能未达到预定要求等问题。因此，在建筑装饰工程中必须进行目标
　　　　　　控制。

第一节 目标控制概述

一、目标控制的程序

目标控制是指管理人员按计划标准来检查项目成果，以保证计划目标得以实现的管理活动。建设监理的中心工作是目标控制，故监理工程师必须掌握控制的程序及其基本工作环节。控制程序如图3-1所示，从资源投入开始，在制定好的目标下运行，由于外界干扰引起的内部因素变化，实际（输出）的状态会与目标之间存在偏差，需要采取调整纠偏措施，或改变计划目标，或改变投入，使得装饰工程在新的目标计划下顺利运行，目标控制就是定期进行、有限循环的动态平衡过程。

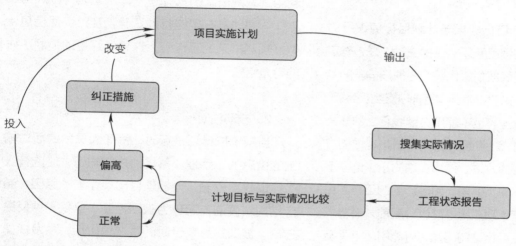

图 3-1 动态控制流程循环示意图

二、目标控制过程的基本工作环节

从目标控制程序中可以得出：建筑装饰项目目标控制的全过程，是由一个个不断的、循序渐进的循环过程组成的，贯穿项目建设的全过程中，一直到整个装饰项目竣工。目标控制过程中的基本环节关系如图3-2所示：

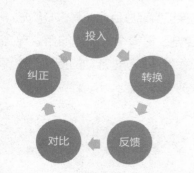

图 3-2 目标控制过程的工作环节示意图

1. 投入

这是目标控制过程的开始环节，主要是指施工单位的资源，即工具、材料、机械、资金的数量及技术保证措施，必须能按计划、时间、地点投入到工作环节上来。

2. 转换

转换的实质是产出，有了投入必有产出，但建筑装饰工程不同于一般的工业产品，它是由各分项、分部的产品逐步转换成最终的装饰成果，因此，在转换控制工作中，必须处理好每一个细节问题，跟踪工程进展，掌握各种计划的实质情况和干扰因素的原始资料，为以后确定偏差及其纠正打好基础。

3. 反馈

反馈是控制的基础工作，主要是给控制部门提供信息，含已发生的工程情况、环境变化和对未来工程的预测信息，其中书面形式的报告为正式反馈信息，口头的信息反馈为非正式信息反馈方式，但也不应忽视，且应尽量使其转化为正式信息反馈给有关部门。应使反馈信息及时、准确、可靠，建立信息来源和供给程序，规范信息反馈工作。

4. 对比

对比是将实际目标成果与计划目标值进行对比，检查是否存在偏差问题。值得注意的是，确定偏差不可用表面或局部现象代替，必须按偏差的本质来判断。例如，进度偏离不能用非关键线路确定整个工程工期的偏差，也不能用关键线路上的非关键工作来确定。对比、判断可采用定量与定性的方法，或将两者结合的方法。值得关注的是，偏差不单指未达计划目标的负偏差，超越计划的正偏差也应引起注意，如某单项工程进度过分超前，需要思考这里面是否存在目标控制问题，可能引起不平衡的不利影响，也需分析甚至纠正。

5. 纠正

纠正是对偏离的情况采取的有效措施，纠正使工程得以在目标计划的轨道上正常进行，这是目标控制的核心点，纠正就是目标控制的成果。在纠正的过程中，要视偏离的程度决定是否采取纠正措施，可从投入上下手，也可从计划目标上进行调整。

从投入—转换—反馈—对比—纠正的工作环节来看，每个工作环节是连续循环的过程，每经一次运行应出现一种新的状态，使项目得以良性有次序地运行。

三、目标控制类型

目标控制按方式和方法可分为多种类型，如可

按事物发展过程分为事前、事中、事后控制，也可按控制信息来源分为前馈和反馈控制等，总体可归纳为两大类：

1. 主动控制

预先分析目标偏离的可能性，拟订并采取各项预防性措施，使得计划目标最终得以实现，称为主动控制。可以看出它是事前控制、前馈控制的控制类型。分析环境条件，确定有利因素加以利用，识别风险因素并想方设法避之，做好组织工作，调动最充足的各种资源，及时沟通信息，做好预测未来的工作等，这是做好主动控制工作的有力措施。

2. 被动控制

当系统按计划进行时，管理人员跟踪后对输出的信息加工整理，再传给控制部门，使监管人员得以找出偏差，分析项目出现偏差的原因，制定措施纠偏的控制称为被动控制，这是一种反馈控制。被动只是表示时间是在输出后，从发现偏差开始控制，在目标控制上属于被动状态，但仍是一种积极的、重要的控制形式，监理工程师应多采用这种形式，努力做到及时发现问题，及时解决问题。

两种控制的方式互相补充，缺一不可，应在控制过程中加大主动控制的比例，同时进行连续的、定期的被动控制。如此，项目的控制目标即可实现。

目标控制的本质是通过目标的激励来调动广大员工的积极性，从而保证实现总目标。其核心就是明确和重视成果的评定，提倡个人能力的自我提高，其特征是以目标作为各项管理活动的指南，并以实现目标的成果来评定其贡献大小。

四、三大目标

工程项目的建设需要一定的投资和时间，最后

应达到一定的质量标准，这就是任何建设项目都应具有的投资、质量、进度三大目标。

1. 投资目标

在施工监理中，投资目标可以理解为业主为拟建项目投入的建筑安装工程造价，对建筑装饰工程而言，最值得关注的是业主的装饰标准与实际的工程量。因此，在委托设计中一定要充分展示出业主的设计意图。在限定的工程量前提下，保证建筑装饰的使用功能与整体的装饰美观效果，根据图纸计算出工程概算，这就是初始的投资目标，即合同价，最终以结算价为准。一般装饰工程工期较短，以静态投资值为目标值即可。实际上结算价往往超出工程概算，因为工程实施过程较长，有调价因素的影响，更难免发生设计变更洽商，监理工程师要充分发挥自己的专业性与协调性。

2. 质量目标

质量目标是指组织在质量方面为满足要求，持续改进质量管理体系方面的承诺和追求的目标。质量目标一般依据组织的质量方针制定，通常是对组织的相关职能和层次分别规定质量目标。

根据《建筑工程施工质量验收统一标准》，建筑工程质量执行验、评分离的原则，工程验收按国家规范仅有"合格"一级，评优工作由社会机构组织评定，分为国家和地方性组织机构，国家评优工作由中华人民共和国建设部、中国建筑业协会联合评定并颁发奖状，奖项为"中国建筑工程鲁班奖"（国家优质工程），2002年建设部新设立、首次评选的"中国建筑装饰工程奖"。地方奖项由各地主管部门确定的社会机构负责，如上海地区为上海市工程建设质量管理协会组织。

在建筑装饰工程制定质量目标时，达到"合格"目标是最基本的目标，施工企业应以自身的实力制定出较高层次的目标，尽量向"精品工程"的方向努力（也需要业主的支持与投入），监理工程师可根据实际工程情况，结合实际提出参谋建议。

3. 进度目标

进度目标值的实质是完成工程项目所需用的施工时间。从开工日到竣工日，业主根据资金筹集情况、工程规模、使用（投产）要求、施工标准等，拟定出意向工期，监理工程师应根据经验，参考工期定额、总承包商实力等因素，协助业主确定合理范围内的工期，同时，还需要预留余地，用来应付一些突发情况与特殊施工作业，切不可一味地缩短工期，导致施工时间过于紧张。因为定额工期具有科学根据，根据经验显示，即使采取各种有效措施，缩短定额工期到三分之一已是接近极限值，倘若过分缩短工期，对质量与投资也会产生一定的影响。

五、目标的确定

三大目标应在策划阶段由业主确定，特殊情况下，如果监理企业受业主的委托，参加了装饰项目前期的监理（或咨询）工作，也应从专业角度为业主提供参考意见，促使这三大目标能确定得更合理、更科学。

一般来说，投资目标往往在规划设计阶段显示，而进度和质量目标在招投标阶段显示，监理公司在协助业主制定招标文件时，应做好充分的准备与研究工作，使这两个目标值能够切实反映业主的装饰设计意图，同时能被施工单位接受，也使自己的监理工作心中有底。这三大目标都将在施工合同、监理合同中确定，是监理工程师工作的依据。

Ⓡ 补充要点

工程项目投资、进度、质量三大目标的关系

1. 相互对立统一的关系。

　　投资、质量、进度这三个目标之间的关系是相互对立的，又是统一的。这三个目标之间的矛盾与对立关系是显而易见的，在通常情况下，如要求质量目标高，势必投入较多资金和花费较长的建设工期；要求进度超前，如不增加投入势必要降低质量标准，甚至有时即便花费更多的资源也难以达到；这些都表现了三者矛盾对立的一面。

2. 具有统一性。

　　如增加一定的投资，可以提高建设速度，缩短工期，使项目早投产早使用，尽早回收资金，项目全寿命的经济效益将得到提高；适当提高质量标准和功能要求，可能使建设期一次性投资增加、工期延长，但可为动用后的使用提供保障，减少经营费和维修费，降低产品成本，减小更新换代的投入，也能获得较好的经济效益。这一切又说明了三个目标之间具有统一性。简单说，三大目标关系在建设期内是矛盾对立突出，从建设周期来考虑，统一是其本质。

六、三大目标组成项目的目标系统

　　一般来说，监理公司在项目建设时的基本任务是对建设项目的建设工期、项目投资和工程质量进行有效控制，三大目标的表现如图3-3所示，三者之间相互制约、相互影响，是统一体，一旦其中一个目标发生变化，势必会引起另外两个目标的变化，并受到它们的影响和制约。

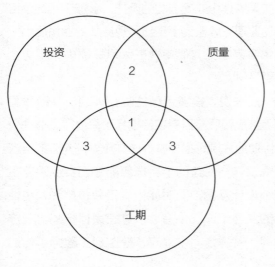

图3-3 三大目标系统

　　第一种情况：装饰工程如果只强调质量和工期，对应的则对投资的要求严格（必须有充足的资金保证），只有充足的资金才能保证装饰工程的质量高，工期短，建设目标应分布在4号和1号区域。

　　第二种情况：如果要求装饰工程同时做到投资少、工期短、质量高这三大标准，即对三者同时有较高要求，建设目标则应分布在1号区域，这是建设监理的理想结果。但一般情况下，这种高要求的情况几乎不可能实现，因此，在进行装饰工程监理工作时，监理工程师应充分结合业主的需求与工程实施的客观条件，对其进行综合性的研究与探讨，确定一套符合实际的目标。

　　综上所述，三大目标之间既是互相依存，又是互相制约的关系，三者之间是一个系统的大目标。监理工程师应努力调节三者之间的多少关系，使目标系统获得最佳效果，而不是以单独的一个目标来决定成果。从实际出发，将项目进度计划目标进行优化，使工程进展具有连续性与均衡性，不仅缩短了工期又能保证质量稳定，虽投入未降低，从短时间内看投资增加。但从长远来看，整体的经济效益较好，则这个目标系统仍是合理的。因此，在制定目标时，要反复协调三个目标之间的需求与效果关系，以实现目标系统最优为标准，避免盲目追求单一目标而冲击或干扰其他目标。

第二节 建筑装饰工程监理目标控制

一、投资目标控制

投资目标控制是指在整个项目的实施阶段开展管理活动，力求使项目在满足质量、进度要求的前提下，实现实际投资额不超过计划投资额。

1. 投资控制要全面

从宏观角度来看，投资控制是指在项目建设过程中，对整个项目全部费用的控制，包括项目前期、设计阶段、施工（含保修）阶段的一切投入。在业主的委托下，监理工作在某一阶段时，就应该按该阶段范围内的投资目标控制好。在施工阶段范围内钱花在何处，就在何处控制。还应对投资的时间与数量进行控制，即资金的投入应与工程的进度匹配，资源配置均衡，这就要考虑资金的时间效益不能损失，并在最大程度上求得到三大目标的均衡控制。

从微观角度看，项目的投资控制必须将投资目标分解，如施工阶段应从分项、分部工程开始，注意各种费用的组成，分别逐项加以控制，从小处着手，放眼全过程，多方面综合控制。

2. 投资控制不可单一

在确定或论证投资目标时，必须考虑目标系统的协调性和统一性。同理，在工程施工阶段进行控制时，也必须分析项目的整体需求和平衡，力求做到各目标之间的均衡与综合优化，必须在控制投资目标时，兼顾进度和质量这两大目标，减少因投资减少带来的不利影响。

3. 影响投资的重点是设计阶段

从项目的实施阶段分析，设计阶段对投资的影响程度是最大的，约占85%。将设计阶段作为投资的重点，随着设计的不断深入与细化，装饰工程构架将会越发明确，当设计阶段的限制越多，优化空间越少时，其影响程度也相对被弱化。以方案设计阶段影响最大，初步设计阶段次之，施工图阶段已明显减弱，到施工阶段不过占到15%左右。因此，尤其是在设计阶段的前期，监理工程师要确立合理的投资目标，这是制定建筑装饰工程总投资的关键点。

4. 施工阶段投资控制的重点

施工阶段投资控制的重点是设计变更洽商，即使前期已经确定了设计图，在施工过程中不可避免地会发生一些设计变更，一定程度上会影响到工程结算造价。因此，监理工程师要严格履行工程变更洽商的程序，认真审核费用增加部分，征得业主的同意。

二、质量目标控制

质量目标控制是为了满足建筑装饰项目的整体质量要求，从而开展一系列的监督管理活动，主要有以下几个方面的内容。

1. 建设项目的总体质量目标内容广泛

建设项目的质量目标按规定只有合格与优良两级，实际上这两级都涵盖了广泛的内容，不仅包含了对全体参建单位和监理人员的工作质量的要求，还包含在工程项目结构、功能、使用价值、室内环境等方面业主所要求达到的程度。因此，凡构成以上各方面的因素，都可列入质量目标控制的范围，这种广泛性要求监理人员在整个项目实施的过程中，进行全方位的控制。

2. 建设项目总体质量的形成过程

任何建设项目总体质量的形成都与过程息息相关，在装饰项目实施过程中，各阶段都对项目总体质量有着重大影响。从决策、设计、施工到验收，各阶段都是项目总体质量目标的实现过程，都有质量控制的分目标。以施工阶段为例，监理工程师必须根据本阶段的特点，确定质量控制分目标和任务，将质量目标分解到各分项、分部工程，最终落实到各工序的具体目标中，只有各阶段的分目标都达到了，才能实现项目总目标，建设项目的总体质量才能有所保障。

3. 影响质量目标的因素

工程项目质量总目标虽然涉及项目的各个阶段，但却有着共同的特点，即影响质量的因素众多，可总结为：人、机械、材料、方法和环境这五个因素。这五个因素还存在于设计、施工、监理、业主、供应商等众多单位中，各因素在各个阶段对质量影响的程度不完全等同，监理工程师应在普遍控制的前提下，针对不同阶段找出重要因素进行有效控制，以确保为实现质量总目标提供良好的条件。

4. 监理的质量控制与政府的质量监督紧密结合

工程质量不仅影响业主的投资效益，还关系着社会公众利益，对城市规划、环境保护、安全可靠、满足使用要求等方面具有社会影响性。政府建设主管部门的各级质量监督站代表政府行使其职能，监督管理工程项目的合法性，并派出专业人员以行政、司法为主，辅之以经济、管理的手段，采取阶段性的和不定期的巡视、抽查、监督、验收、接受备案等方式，对项目的施工质量进行监督管理。这种管理方式是宏观的、强制性的，施工单位、监理企业和建设单位也都在被监督范围内，必须服从。因此，监理人员应配合质量监督站做好日常的微观控制，监理与监督紧密结合，实现质量目标更有成效。

5. 工程项目质量系统控制

工程项目质量形成是一个长期的过程，其控制就必然要细致、全面。为做好这项工作，首先，应预测防范好各种影响因素的风险，将事中控制和事后控制结合起来，进行动态的控制；其次，利用组织、经济、技术、合同措施及时纠偏。这一系列工作实质上是质量控制的系统工作，监理工程师应把质量控制做到序列化，达到整体控制的目的。

三、进度目标控制

建筑装饰工程项目进度目标的控制，是指为了使工程项目的实际进度符合计划进度的要求，按计划的时间动用（工业项目达到负荷联动试车成功，民用项目交付使用）而开展的有关监督管理活动。控制的主要内容如下。

1. 进度总目标与各阶段目标

一般情况下，某一项目的总进度目标是由完成各阶段进度所需的时间组合而成，具体依照我国的建设程序而定。特殊情况下，如决策阶段与设计阶段的各方面原因，导致与实施阶段脱节，都会致使工程进度无法控制。一般来说，工程项目的进度目标控制是指施工阶段的控制，包含勘察、设计阶段等实施阶段。进度目标由业主或参建单位以合同形式确定，监理工程师在委托的范围内对进度目标进行控制。施工阶段一般是将施工进度总目标分解为年度、季度、月度分进度目标来实施控制。

2. 进度控制涉及广泛

由于项目进度总目标终值是计划动用时间，因此，监理工程师必须对影响项目动用的各子项工程的进度控制得体，从实施的范围讲，要控制勘察设计、施工准备、招投标、施工各阶段的进度目标。施工阶段不能只顾主要的单位工程而忽视附属工程，不能只顾土建工程而忽视水、电设备工程。例如，某一装饰工程未能安排好消防验收时间，导致其他项目延期。因此，在实际监理工作中，要对构成项目的各个分部、各分项工程的进度都进行控制。注意分清主次，将目标分解，形成周密计划，有条不紊地开展进度控制工作。

3. 进度控制具有复杂性

影响工程进度不能按计划进行的原因众多且十分复杂，有客观条件也有人为因素。施工环境、自然条件对进度会产生影响，人为的干扰更难以预料，政治因素、社会因素也会影响进度，监理工程师必须对以上诸多因素有效地控制，尤其是要做好预控，预防为主，防范风险，还要能适应环境，有应变、应急措施，才能达到进度目标的实现。

4. 进度控制的有效手段

组织协调是进度控制的有效手段，在影响进度的因素中，社会因素、人为因素都需要监理工程师做大量的组织协调工作，促使不利因素尽可能转化为有利因素。协调工作离不开业主以及政府部门的协调。因此，在组织协调工作中，必须以业主为主，监理企业配合处理好公共关系，以维护社会公众利益为原则，减少不利因素对进度计划的干扰。

对于设计方与供应商、项目第三方等关系的协调，监理应主动多做工作，调整好各层面之间的人际关系，使其关系融洽，各自履约，并能互相理解和支持，保持进度在可控范围内。组织协调的手段虽然在三大目标控制中都有作用，但对进度控制的作用最为显著。因此，监理工程师必须具有协调能力，掌握好这个重要手段。无论是目标控制、质量控制，还是在进度控制中，监理企业（工程师）都应勤奋谨慎地工作，在完成上述任务过程中发挥自身应有的优势，竭尽全力实现建设单位对工程项目的投资、进度、质量的预定目标。

需要注意的是，监理企业只是参与技术性的服务工作，但不参与项目的设计、施工、采购等生产活动。项目的实现是靠设计、施工单位完成的，无论在项目的全过程还是阶段性的监理工作中，监理方只能在自己的职责范围内行使权力，履行义务，做好组织协调、动态控制、合同管理和信息管理工作，并与建设单位和施工单位一起共同实现项目的三大预期目标，而不可能通过自己一方的服务性工作来保证预期目标实现。

🅡 补充要点

项目管理三大目标的关系

工程项目的质量、进度和投资三大目标是一个相互关联的整体，三大目标之间既矛盾，又统一。进行工程项目管理，必须充分考虑工程项目三大目标之间的对立统一关系，注意统筹兼顾，合理确定三大目标，防止发生盲目追求单一目标而冲击或干扰其他目标的现象。

1. 三大目标之间的对立关系。

通常情况下，如果对工程质量有较高的要求，就需要投入较多的资金、花费较长的建设时间；如果要抢时间、争进度以极短的时间完成工程项目，势必会增加投资或者使工程质量下降，如果要减少投资、节约费用，势必会考虑降低项目的功能要求和质量标准。所有这些都表明，工程项目三大目标之间存在着矛盾和对立的一面。

2. 三大目标之间的统一关系。

通常情况下，适当增加投资数量，为采取加快进度的措施提供经济条件，即可加快项目建设进度，缩短工期，使项目尽早动用，投资尽早回收，项目的寿命周期经济效益得到提高；适当提高项目功能要求和质量标准，虽然会造成一次性投资和建设工期的增加，但能够节约项目动用后的运行费和维修费，从而获得更好的投资经济效益。如果项目进度计划既科学又合理，使工程进展具有连续性和均衡性，不但可以缩短建设工期，还能获得较好的工程质量并降低工程费用。所有这一切都说明，工程项目三大目标之间存在着统一的一面。

第三节　安全生产管理

一、建筑安全生产原则

建筑安全生产管理原则虽然在《建筑法》中没有明确规定，但在其具体条文中已经包含在内。安全生产管理原则是在我国长期的安全生产管理中形成的，国务院有关规定中明确的建筑安全生产管理原则主要是：管生产必须管安全和谁主管谁负责。

1. 管生产必须管安全

这一条是指安全与生产密不可分，必须将安全和生产统一起来。生产中，若人、物、环境都处于危险状况中，则生产活动无法进行；只有生产有了安全保障，才能持续稳定发展。由此可以看出，安全管理是生产管理的重要组成部分，安全与生产在实施过程中存在着密切的联系，有共同进行管理的基础。

2. 谁主管谁负责

主要是指主管建筑生产的单位和人员应对建筑生产的安全负责。安全生产第一责任人制度正是这一原则的体现。各级建设行政主管部门的行政，一把手是本地区建筑安全生产的第一责任人，对所辖区域内的建筑安全生产的行业管理负全面责任。同理，企业法定代表人是本企业安全生产的第一责任人，对本企业的建筑安全生产负全面责任；项目经理是本项目的安全生产第一责任人，对项目施工中贯彻落实安全生产的法规、标准负全面责任。

以上两项原则是建筑安全生产应遵循的基本原则，是建筑安全生产的重要保证。

二、安全生产监督管理体制

《建筑法》《安全生产法》《安全生产管理条例》等文件对建设工程安全生产的监督管理体制做出了如下规定。

1. 建设工程安全生产监督管理部门

（1）国务院负责安全生产监督管理的部门，对全国安全生产工作实施综合监督管理。

（2）县级以上地方各级人民政府负责安全生产监督管理的部门，对本行政区域内安全生产工作实施综合监督管理。

按照目前部门职能的划分，国务院负责安全生产监督管理的部门是国家安全生产监督管理局，地方上是各级安全生产监督管理部门。

2. 建设工程安全生产监督管理体制

（1）实行国务院建设行政主管部门，对全国的建设工程安全生产实施统一的监督管理；国务院铁路、交通、水利等有关部门，按照国务院规定的职责分工，分别对专业建设工程安全生产实施监督管理的模式。

（2）县级以上地方人民政府建设行政主管部门，对本行政区域内的建设工程安全生产实施监督管理；县级以上地方人民政府交通、水利等各专业部门，在各自的职责范围内对本行政区域内的专业建设工程安全生产实施监督管理。

建设行政主管部门或其他有关部门可以将施工现场的监督检查，委托给建设工程安全监督机构具体实施。县级以上人民政府建设行政主管部门和其他有关部门，应及时受理对建设工程生产安全事故及安全事故隐患的检举、控告和投诉。

三、安全生产监督管理措施

对安全生产负有监督管理职责的部门（以下统称负有安全生产监督管理职责的部门）依照有关法律、法规的规定，对涉及安全生产的事项需要审查批准（包括批准、核准、许可、注册、认证颁发证照等）或者验收的，必须严格依照有关法律法规和国家标准，或者行业标准规定的安全生产条件和程序进行审查；对不符合有关法律、法规和国家标准或者行业标准规定的安全生产条件的企业，不得批准或验收通过。

对未依法取得批准或者验收合格的单位擅自从事有关活动的企业，负责行政审批的部门发现或接到举报后应当立即予以取缔，并依法予以处理。对已经依法取得批准的单位，负责行政审批的部门发现其不再具备安全生产条件的，应当撤销原批准。

《建设工程安全生产管理条例》规定：建设行政主管部门在审核发放施工许可证时，应对建设工程是否有安全施工措施进行审查，对没有安全施工措施的企业，不得颁发施工许可证。

审查内容主要包括：施工组织设计中的安全防护和环境污染防护措施，专项安全技术方案等。建设行政主管部门和其他有关部门，应当将下述有关资料的主要内容抄送同级负责安全生产监督管理的部门：

（1）申领施工许可证或开工报告时所报送的有关安全施工措施的资料。

（2）拆除工程时保证安全施工的措施和拆除工程的有关资料。

四、建筑施工中的安全生产管理

1. 安全防护设备管理制度

首先，施工单位采购、租赁的安全防护用具、

机械设备、施工机具及配件，应具有生产（制造）许可证与产品合格证，并在进入施工现场前进行查验。

其次，施工现场的安全防护用具、机械设备、施工机具及配件必须由专人管理，定期进行检查、维修和保养，建立相应的资料档案，并按照国家有关规定及时报废。作业人员应当遵守安全施工的强制性标准、规章制度和操作规程，正确使用安全防护用具、机械设备等。

2. 现场安全技术交底制度

《安全生产管理条例》第27条规定"建设工程施工前，施工单位负责项目管理的技术人员应对有关安全施工的技术要求向施工作业班组、作业人员做出详细说明，并由双方签字确认。"

安全技术交底，是指将预防和控制安全事故发生及减少其危害的技术以及工程项目、分部分项工程概况，向作业人员做出说明，即工程项目在进行分部分项工程作业前和每天作业前，工程项目的技术人员和各施工班组长将工程项目和分部分项工程概况、施工方法、安全技术措施及要求向全体施工人员进行说明。

（1）安全技术交底的基本要求（表3-1）。

（2）安全技术交底的主要内容（表3-2）。

表3-1　　　　　　　　　安全技术交底的基本要求

序号	基本要求
1	逐级交底，总承包单位向分包单位，分包单位工程项目的技术人员向施工班组长，施工班组长向作业人员分别进行交底
2	交底必须具体明确、针对性强
3	技术交底的内容应针对分部分项工程施工给作业人员带来的潜在危险因素和存在的问题
4	应优先采用新的安全技术措施
5	各工种的安全技术交底一般与分部分项安全技术交底同步进行，对施工工艺复杂、施工难度较大或作业条件危险的，应单独进行各工种的安全技术交底
6	交底应当采用书面形式，即将每天参加交底的人员名单和交底内容记录在班组活动记录中

表 3-2 安全技术交底的主要内容

序号	主要内容
1	工程项目和分部分项工程的危险部位
2	针对危险部位采取的具体预防措施
3	工程项目和分部分项工程的概况
4	作业中应注意的安全事项
5	作业人员应遵守的安全操作规程和规范
6	作业人员发现事故隐患应采取的措施和发生事故后应及时采取的躲避和急救措施

第四节 施工现场目标控制

一、施工现场安全防护措施

施工企业应当在施工现场采取维护安全、防范危险预防火灾等措施（表3-3）。

表 3-3 施工现场安全防护措施

序号	主要措施
1	加强季节性劳动保护工作。夏季要防暑降温；冬季要防寒防冻、防煤气中毒；雨季和台风到来之前，应对临时设施和电气设备进行检修，沿河流域的工地要做好防洪抢险准备；雨雪过后，要采取防滑措施
2	各种机电设备的安全装置和起重设备的限位装置，都要齐全有效，没有这些装置的不能使用；要建立定期维修保养制度，检修机械设备要同时检修防护装置
3	施工现场道路、上下水及采暖管道、电气线路材料堆放、临时和附属设施等的平面布置，都要符合安全、卫生、防火要求，并加强管理
4	混凝土搅拌站、木工车间、沥青加工点及喷漆作业场所等，都要采取措施，使尘毒浓度不超过国家标准规定的限值
5	脚手架、井字架（龙门架）、安全网搭设完毕，必须经工长验收合格方能使用。使用期间要指定专人维护保养，发现有变形、倾斜、摇晃等情况，要及时加固

二、对施工现场实行封闭管理

施工单位应遵循有关环境保护法律法规的规定，首先，对施工现场采取防护措施，减少粉尘、废水、废气、噪声、固体废物对环境的危害与污染，以及对周围居住者的影响。

其次，对施工现场进行封闭性管理，主要表现在对施工现场进行围挡，能够有效避免外人进入到施工重地，也能降低施工现场的危险系数。当装饰工程项目位于路段时，应设立高于1.8m的围挡，当涉及车流人流大的主要路段时，应设立高于2.5m的围挡。

三、设置安全警示标志

施工现场人员众多，各种大型机械设备、脚手架比比皆是，电梯井口、孔洞口、基坑边沿等不易发现的危险处处存在，一些危险气体与爆破物的存放处十分危险。因此，在具有危险的位置，应当设计醒目的安全警示标识，起到提醒注意的作用。对于一些需要夜间施工的部位，特别是一些沟、坎深基坑等处，由于夜晚视线容易混乱，标识牌存在无法看清等现象，需要设置红灯示警。需要特别注意的是，施工现场设立的安全警示牌。未经施工总负责人准许，不得随意移动或拆除。同时，安全警示标志还应当明显，便于作业人员识别。如果是灯光标志，则应该明亮显眼；如果是文字图形标志，则要求明确易懂。所有安全警示标志必须符合国家标准。

🅡 补充要点

安全技术交底制度

严格进行安全技术交底，认真执行安全技术措施，是贯彻安全生产方针，减少工伤事故，实现安全生产的重要保证。

（1）工程开工前，由施工负责人和技术负责人组织有关人员根据工程特点、所处地理环境和施工方法制定详细的安全技术措施，报上级有关技术安全部门批准。批准的安全技术措施具有技术法规的作用，必须认真贯彻执行。

（2）工程开工时，由总工程师和技术负责人向组织施工的项目经理、施工员、安全员、班组长进行详细的安全技术交底，为安全技术措施的落实打下基础。

（3）每个单项工程开工前，工地项目经理要组织施工员向实际操作的班组成员讲述操作方法，将施工方法和安全技术措施作细致讲解，并以书面形式下达班组。

（4）施工员根据单项工程安全技术措施的安全设施、设备及安全注意事项的实施填写《安全技术交底表》，责任人落实到班组、个人，履行签字验收制度。

（5）施工现场的生产组织者，不得对安全技术措施方案私自变更，如果是合理的建议，应书面报总工程师批准，未批之前，仍按原方案贯彻执行。

（6）安全职能部门要以施工安全技术措施为依据，以安全法规和各项安全规章制度为准则，经常性地对工地实施情况进行检查，并监督各项安全技术措施的落实。

四、采取安全防护措施与专项防护措施

施工现场对毗邻的建筑物、构筑物的影响力也不容小觑，对于一些特殊作业的装饰部位，建筑施工企业应采取安全防护措施，例如，对建筑物外墙进行贴装、涂饰工程时，可以对外墙设置防护网，避免装饰材料掉落砸伤行人；搭设脚手架等设备，为高空作业工作人员提供有效的保护措施。

在室内施工时，对可能造成损害的毗邻建筑物、构筑物和地下管线等，应采取专项防护措施，例如，在进行顶面改造工程中，需要使用到一些工具器械，为了避免划伤墙面与地板，可以对墙地面进行覆膜处理，这种做法能有效保护室内原有的装饰成果。

最后，施工单位应当根据不同施工阶段和周围

环境及季节、气候的变化，在施工现场采取相应的安全施工措施。施工现场暂时停止施工的，施工单位应做好现场防护，所需费用由责任方承担，或按照合同约定执行。

第五节　安全生产管理监理工作

一、组织保障措施

1. 建立安全生产保障体系

生产经营单位必须建立安全生产保障体系，遵守《安全生产法》和其他有关安全生产的法律、法规，加强安全生产管理，建立健全安全生产责任制度，完善安全生产条件，确保安全生产。

（1）矿山、建筑施工单位和危险物品的生产经营、储存单位，应当设置安全生产管理机构或者配备专职安全生产管理人员。

（2）从业人员超过300人以上的，应当设置安全生产管理机构，或配备专职安全生产管理人员。

（3）从业人员在300人以下的，应当配备专职或兼职的安全生产管理人员，或委托具有国家规定的相关专业技术资格的工程技术人员提供安全生产管理服务。

2. 明确岗位责任

（1）生产经营单位主要负责人的职责。生产经营单位的主要负责人对本单位的安全生产工作负有下列职责，如表3-4所示。

表3-4　　　　　　　　　　　　　　　岗位负责人的职责

序号	主要职责
1	建立健全本单位的安全生产责任制
2	组织制定本单位的安全生产规章制度和操作规程
3	保证本单位安全生产投入的有效实施
4	督促、检查本单位的安全生产工作，及时消除生产安全事故隐患
5	组织制定并实施本单位的生产安全事故应急救援预案
6	及时、如实报告生产安全事故

同时，《安全生产法》中规定：生产经营单位发生重大生产安全事故时，单位的主要负责人应立即组织抢救，并不得在事故调查处理期间擅离职守。由此可见，在安全事故中，单位的主要负责人对整个生产经营负有主要责任，安全是第一要义。

（2）生产经营单位安全生产管理人员的职责。生产经营单位的安全生产管理人员应根据本单位的生产经营特点，对安全生产状况进行经常性检查，对检查中发现的安全问题，应立即处理；不能处理的，应及时报告本单位有关负责人。检查及处理情况应记录在案。

（3）对安全设施、设备的质量负有责任的相关单位和人员的职责如图3-4所示。

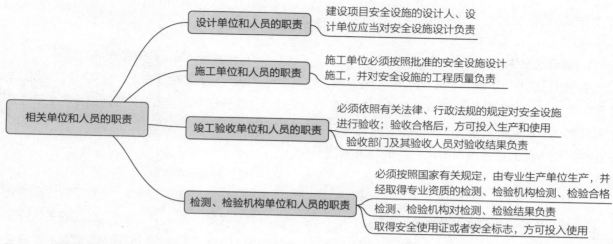

图 3-4　相关单位和人员的职责

二、管理保障措施

1. 人力资源管理

（1）对主要负责人和安全生产管理人员的管理。生产经营单位的主要负责人和安全生产管理人员必须具备一定的管理能力，即与本单位所从事的生产经营活动相应的安全生产知识和管理能力。建筑施工单位的主要负责人和安全生产管理人员，应当由有关主管部门对其安全生产知识和管理能力考核合格后，方可任职，其中考核不得收费。

（2）对一般从业人员的管理。生产经营单位应当对从业人员进行安全生产教育和培训，保证从业人员具备必要的安全生产知识，熟悉有关的安全生产规章制度和安全操作规程，掌握本岗位的安全操作技能。未经安全生产教育和培训合格的从业人员，不得上岗作业。

（3）对特殊作业人员的管理。生产经营单位的特种作业人员必须按照国家有关规定，接受专门的安全作业培训，取得特殊作业操作资格证书，方可上岗作业。

2. 物力资源管理

（1）生产经营项目、场所的协调管理。生产经营项目、场所有多个承包单位、承租单位的，生产经营单位应当与承包单位、承租单位签订专门的安全生产管理协议，或者在承包合同、租赁合同中约定各自的安全生产管理职责；生产经营单位对承包单位、承租单位的安全生产工作统一协调、管理。

（2）生产经营项目、场所、设备的转让管理。生产经营单位不得将生产经营项目，场所、设备发包或出租给不具备安全生产条件或相应资质的单位及个人。

（3）设备的日常管理。生产经营单位应当在有较大危险系数的生产经营场所和有关设施、设备上，设置明显的安全警示标志。安全设备的设计、制造安装、使用、检测、维修、改造和报废，应当符合国家标准或行业标准。生产经营单位必须对安全设备进行经常性维护保养，并定期检测，保证正常运转。维护、保养检测应做好记录，并由有关人员签字。

（4）设备淘汰制度。国家对严重危及生产安全的工艺、设备实行淘汰制度。生产经营单位不得使用国家明令淘汰，禁止使用的危及生产安全的工艺、设备。

三、经济保障措施

1. 保证安全生产所必需的资金

生产经营单位应具备的安全生产条件所必需的资金投入，由生产经营单位的决策机构、主要负责人或者个人经营的投资人予以保证，并对由于安全生产所必需的资金投入不足导致的后果承担责任。

2. 保证安全设施所需要的资金

生产经营单位新建、改建、扩建工程项目（以下统称建设项目）的安全设施，必须与主体工程同时设计、同时施工、同时投入生产和使用，安全设施投资应当纳入建设项目概算。

3. 保证劳动防护用品、安全生产培训所需要的资金

生产经营单位必须为从业人员提供符合国家标准或行业标准的劳动防护用品，并监督、教育从业人员按照使用规则佩戴，正确使用。生产经营单位应当安排用于配备劳动防护用品、进行安全生产培训的经费。

4. 保证工伤社会保险所需要的资金

生产经营单位必须依法参加工伤社会保险，为从业人员缴纳保险费。

四、技术保障措施

1. 对新工艺、新技术、新材料或使用新设备的管理

生产经营单位采用新工艺、新技术、新材料或使用新设备，必须了解、掌握其安全技术特性，采取有效的安全防护措施，以此保证从业人员的人身安全，并对从业人员进行专门的安全生产教育和培训，坚持每个员工持证上岗。

2. 对安全条件论证和安全评价的管理

矿山建设项目和用于生产、储存危险物品的建设项目，应分别按照国家有关规定进行安全条件论证和安全评价。

3. 对废弃危险物品的管理

生产、经营、运输、储存、使用危险物品或处置废弃危险物品，由相关主管部门依照有关法律法规的规定和国家标准或者行业标准，审批并实施监督管理。生产经营单位生产、经营运输、储存、使用危险物品或处置废弃危险物品，必须执行有关法律、法规和国家标准或者行业标准，建立专门的安全管理制度，采取可靠的安全措施，接受有关主管部门依法实施的监督管理。

4. 对重大危险源的管理

生产经营单位对重大危险源应登记建档，进行定期检测、评估、监控，并制定应急预案，告知从业人员和相关人员在紧急情况下应采取的应急措施。生产经营单位应按照国家有关规定将本单位重大危险源及有关安全措施、应急措施报有关地方人民政府负责安全生产监督管理的部门和有关部门备案。

5. 对员工宿舍的管理

生产、经营、储存、使用危险物品的车间、商店、仓库等，不得与员工宿舍设计在同一座建筑物内，正确的做法是与员工宿舍保持安全距离。其次，生产经营场所和员工宿舍应设有符合紧急疏散要求的通道，以及紧急逃生标志，并保持通道畅通无阻，禁止封闭堵塞生产经营场所或员工宿舍的出口。

6. 对危险作业的管理

生产经营单位进行爆破、吊装等危险作业时，

应安排专门人员进行现场安全管理，确保遵守操作规程和安全措施的落实。

7. 对安全生产操作规程的管理

生产经营单位应当教育和督促从业人员，严格执行本单位的安全生产规章制度和安全操作规程，并向从业人员如实告知作业场所和工作岗位存在的危险因素、防范措施以及事故应急措施。

8. 对施工现场的管理

两个以上生产经营单位在同一作业区域内进行生产经营活动，可能危及对方生产安全的，应签订安全生产管理协议，并指定专职安全生产管理人员进行安全检查与协调，明确各自的安全生产管理职责和应当采取的安全措施。

五、合同措施

合同措施是指通过签订合同来明确项目各参与方在项目进度控制中的职责，以合同管理为手段保障进度目标的实现。

1. 选择恰当的合同管理模式

如设计—建造模式、设计—采购—施工—交钥匙模式等，采取分段设计、分段发包和分段施工的方式，合同中明确施工负责范围。

2. 协调合同工期与进度计划之间的关系

合同工期要与计划工期保持同步，保证合同中进度目标的实现。加强合同管理，严格履行合同，依据合同来加强施工过程中的各方组织、管理、指挥、协调。

3. 严格把控施工中的合同变更

对各参与单位在施工中提出的工程变更、设计变更，应配合专业工程师进行真实性、必要性审查，通过后才能补充到合同文件中。

4. 衡量合同中的潜在风险

在签订合同前，要提前考虑到项目中可能存在的风险因素，其对工程进度的影响以及相应处理办法等。合同中加强对工期延误的索赔管理，责任划分明确，公平、公正、公开地处理索赔，以督促各参与单位实现进度控制的目标。

🅡 补充要点

施工准备阶段安全监理的主要工作

总监理工程师主持编制包括安全监理内容的项目监理规划或安全监理方案，并签署意见，报监理单位技术负责人审批后实施。监理规划或安全监理方案应明确安全监理的范围、内容、工作程序和制度措施，以及人员配备计划和职责等，并具有针对性和指导性。具体应包括以下内容：

（1）安全监理工作依据。

（2）安全监理工作目标。

（3）安全监理范围和内容。

（4）安全监理岗位设置、人员分工和职责。

（5）安全监理工作制度及措施。

（6）安全监理工作程序。

（7）拟编制的专项安全监理实施细则一览表。

第六节 生产安全事故的处理

建筑业属于事故多发的行业之一，想要完全杜绝安全事故发生，几乎没有可能。因此，坚持以预防为主，加强施工安全监督与管理，能够减少建筑装饰工程中的人员伤亡与财产损失。同时，还需要建立建筑装饰工程紧急救援制度。因此，在事故发生之前，未雨绸缪，制定好应急救援的措施，一旦发生事故，可以在最短的时间内，将损失降到最小。

一、制定安全事故应急救援预案

1. 施工单位生产安全事故应急救援预案制定

根据《安全生产法》及相关规定，建筑施工单位应采取如下措施：

（1）建立应急救援组织，对生产经营规模较小的单位，可以不建立应急救援组织，但要指定兼职的应急救援人员。

（2）配备必要的应急救援器材、设备，进行日常维护、保养，保证设备正常运转。

（3）定期组织救援演练。

2. 施工单位在施工现场落实应急预案责任划分

为了贯彻"安全第一，预防为主"的安全生产方针，施工单位应根据建设工程施工的特点、范围，对施工现场易发生重大事故的部位、环节进行监控，制定施工现场生产安全事故应急救援预案。

实行施工总承包的施工现场，由总承包单位统一组织编制安全事故应急救援预案，工程总承包单位和分包单位按照应急救援预案要求，各自建立应急救援组织或配备应急救援人员，配备一定数量的救援器材、设备，并定期组织相关救援人员进行演练。

二、生产安全事故的报告制度

1. 生产安全事故等级

根据国务院颁布的《生产安全事故报告和调查处理条例》（国务院令第493号，2007年3月28日），生产安全事故（以下简称事故）依据造成的人员伤亡或直接经济损失划分为四个等级（表3-5）。

表3-5 生产安全事故等级

类型	事故等级划分
特别重大事故	指造成30人以上死亡，或者100人以上重伤，或者1亿元以上直接经济损失的事故
重大事故	指造成10人以上30人以下死亡，或者50人以上100人以下重伤，或者5000万元以上1亿元以下直接经济损失的事故
较大事故	指造成3人以上10人以下死亡，或者10人以上50人以下重伤，或者1000万元以上5000万元以下直接经济损失的事故
一般事故	指造成3人以下死亡，或者10人以下重伤，或者1000万元以下直接经济损失的事故

2. 生产事故报告制度

《建筑法》第51条规定"施工中发生事故时，建筑施工企业应采取紧急措施减少人员伤亡和事故损失，并按照国家有关规定及时向有关部门报告。"

《安全生产法》第70条规定"生产经营单位发生生产安全事故后，事故现场有关人员应立即报告本单位负责人。单位负责人接到事故报告后，应迅速采取有效措施，组织抢救，防止事故扩大，减少人员伤亡和财产损失，并按照国家有关规定立即如实报告当地负有安全生产监督管理职责的部门。"

《安全生产管理条例》第50条规定"施工单位发生生产安全事故，应按照国家有关伤亡事故报告和调查处理的规定，及时、如实地向负责安全生产监督管理的部门、建设行政主管部门或其他有关部门报告；特种设备发生事故的，还应当同时向特种设备安全监督管理部门报告。接到报告的部门应当按照国家有关规定，如实上报。实行施工总承包的建设工程，由总承包单位负责上报事故。"

根据上述法规，在建筑施工中发生事故时，建筑施工企业除必须依法立即采取减少人员伤亡和财产损失的紧急措施外，还必须按照国家有关规定及时向有关主管部门报告。国务院颁布的《生产安全事故报告和调查处理条例》对事故报告的时间及程序事故报告的内容和接到事故报告后应采取的措施均作了明确规定。

（1）事故报告的时间及程序。事故发生后，事故现场有关人员应立即向本单位负责人报告；单位负责人接到报告后，应于1小时内向事故发生地县级以上人民政府安全生产监督管理部门和负有安全生产监督管理职责的有关部门报告。

情况紧急时，事故现场有关人员可以直接向事故发生地县级以上人民政府安全生产监督管理部门和负有安全生产监督管理职责的有关部门报告。

安全生产监督管理部门和负有安全生产监督管理职责的有关部门接到事故报告后，应依照表3-6中的规定上报事故情况，并通知公安机关劳动保障行政部门、工会和人民检察院。

表 3-6　　　　　　　　　　　　　生产事故报告制度

类型	报告制度
特别重大事故、重大事故	逐级上报至国务院安全生产监督管理部门和负有安全生产监督管理职责的有关部门
较大事故	逐级上报至省、自治区、直辖市人民政府安全生产监督管理部门和负有安全生产监督管理职责的有关部门
一般事故	上报至设区的市级人民政府安全生产监督管理部门和负有安全生产监督管理职责的有关部门

安全生产监督管理部门和负有安全生产监督管理职责的有关部门依照上述规定上报事故情况，应当同时报告本级人民政府。国务院安全生产监督管理部门和负有安全生产监督管理职责的有关部门以及省级人民政府接到发生特别重大事故、重大事故的报告后，应立即报告国务院。

必要时，安全生产监督管理部门和负有安全生产监督管理职责的有关部门可以越级上报事故情况。安全生产监督管理部门和负有安全生产监督管理职责的有关部门逐级上报事故情况，每级上报的时间不得超过2小时。

特种设备发生事故时，应同时向特种设备安全监督管理部门报告。对于接到报告的部门，应按照国家有关规定，如实、及时上报。实行施工总承包的，在总承包工程中发生伤亡事故，应由总承包单位负责统计上报事故情况。

（2）事故报告的内容。报告事故应包括下列内容：

①事故发生单位概况。

②事故发生的时间、地点以及事故现场情况。

③事故的简要经过。

④事故已经造成或者可能造成的伤亡人数（包括下落不明的人数）和初步估计的直接经济损失。

⑤已经采取的措施。

⑥其他应当报告的情况。

⑦自事故发生之日起30日内，事故造成的伤亡人数发生变化的。

⑧道路交通事故、火灾事故自发生之日起7日内，事故造成的伤亡人数发生变化的。

3. 接到事故报告后应采取的措施

（1）事故发生单位负责人接到事故报告后，应立即启动事故相应的应急预案，或者采取有效措施，组织抢救，防止事故扩大，减少人员伤亡和财产损失。

（2）事故发生地有关地方人民政府安全生产监督管理部门和负有安全生产监督管理职责的有关部门接到事故报告后，其负责人应立即赶赴事故现场，组织事故救援。

（3）事故发生后，有关单位和人员应妥善保护事故现场及相关证据，任何单位和个人不得破坏事故现场、毁灭相关证据。

（4）因抢救人员、防止事故扩大以及疏通交通等原因，需要移动事故现场物件的，应做出标志，绘制现场简图并做出书面记录，妥善保存现场重要痕迹、物证。

（5）事故发生地公安机关根据事故的情况，对涉嫌犯罪的，应依法立案侦查，采取强制措施和侦查措施。犯罪嫌疑人逃匿的，公安机关应迅速追捕归案。

（6）安全生产监督管理部门和负有安全生产监督管理职责的有关部门应建立值班制度，并向社会公布值班电话，受理事故报告和举报。

4. 安全事故现场保护制度

《安全生产管理条例》中规定：发生生产安全事故后，施工单位应当采取措施防止事故扩大，保护事故现场。需要移动现场物品时，应当做出标记和书面记录，妥善保管有关证物。

施工现场发生生产安全事故后，施工单位负责人应组织对现场安全事故的抢救，实行总承包的项目，总承包单位应统一组织事故的抢救工作，要根据事故的情况按应急救援预案或企业有关事故处理的制度迅速采取有效措施，组织抢救，防止事故扩大，减少人员伤亡和财产损失。同时要保护事故现场，因抢救工作需要移动现场部分物品时，必须做出标志，绘制事故现场图，并详细记录，妥善保管有关证物。为调查分析事故发生的原因，提供真实的证据。

故意破坏事故现场、毁灭有关证据，为将来进行事故调查、确定事故责任制造障碍者，要承担相应的责任。分包单位要根据总承包单位统一组织的应急救援预案和各自的职责分工，投入抢救工作，防止事态扩大。

---

⑤ 本章小结

在建筑装饰工程中，目标控制贯穿于整个装饰项目的过程中，对整个装饰项目起到十分重大的作用。在本章节中，通过对目标控制、安全生产管理、监理工作等内容展开详细的讲解，明确了在建筑装饰工程中，目标控制的优势。

℗ 课后练习

1. 目标控制的类型可划分为几类？
2. 目标控制的关键是什么？
3. 请简要概述建筑安全生产原则。
4. 安全生产对现场施工的意义是什么？
5. 施工现场如何进行目标控制？
6. 实行目标控制的措施有哪些？
7. 在建筑装饰工程中，监理如何实行目标控制？
8. 处理安全事故的措施有哪些？
9. 施工现场中，警示标志承载了哪些意义？对监理人员帮助有哪些？
10. 请简要绘制某一装饰项目的目标控制程序。

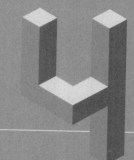

第四章

建筑装饰工程质量控制

PPT 课件

» 学习难度：★★★★★

» 重点概念：装饰要求、质量控制、分部分项工程、质量管理

» 章节导读：工程质量关乎施工人员与业主的人身安全，是不容忽视的问题。加强对建筑装饰工程的质量监管，有利于纠正施工过程中出现的质量问题。由于建筑装饰工程施工程序多，涉及范围广，一个工序出现差错很有可能就会造成其他工序无法进行。所以对待每道工序、工艺都要严格把关，仔细检查验收，该量的一定要量，该测的一定要测。

第一节 建筑装饰工程质量与质量控制

一、建筑装饰工程对设计的基本要求（表4-1）

表 4-1 设计的基本要求

序号	要求
1	建筑装饰工程必须进行设计，并出具完整的施工图设计文件
2	建筑装饰工程的防火、防雷和抗震设计应符合现行国家标准的规定
3	建筑装饰设计应符合城市规划、消防、环保、节能等有关规定
4	承担建筑装饰工程设计的单位应对建筑物进行必要的了解和实地勘察，设计深度应满足施工要求
5	当墙体或吊顶内的管线可能产生冰冻或结露时，应进行防冻或防结露设计
6	承担建筑装饰工程设计的单位应具备相应资质，并应建立质量管理体系。由于设计原因造成的质量问题应由设计单位负责
7	建筑装饰工程设计必须保证建筑物的结构安全和主要使用功能。当涉及主体和承重结构改动或增加荷载时，必须由原结构设计单位或具备相应资质的设计单位核查有关原始资料，对既有建筑结构的安全性进行核验、确认

二、建筑装饰工程对施工管理的基本要求

（1）承担建筑装饰工程施工的人员应有相应岗位的资格证书。

（2）承担建筑装饰工程施工的单位应具备相应资质，并建立质量管理体系。施工单位要根据设计图纸进行施工组织设计，该施工组织设计要由施工承包单位公司与相关部门审核批准，报施工监理单位和业主认可；部分报主体结构设计单位或装饰装修设计单位认可，或有关主管部门认可，方可准备施工。施工单位应按有关施工工艺标准或经审定的施工技术方案施工，并应对施工全过程实行质量控制。

（3）根据《建筑装饰装修工程质量验收标准》（GB 50210—2018）的规定，在建筑装饰工程中违反规范规定和设计文件施工造成的质量问题，由施工单位负责。

（4）施工单位应遵守与环境保护相关的法律法规，并采取有效措施控制施工现场的各种粉尘、废气、废弃物、噪声、振动等对周围环境造成的污染和危害。

（5）施工单位应遵守有关施工安全、防火、防毒、劳动保护的法律法规，应建立相应的管理制度，并配备必要的设备、器具和标识牌。

（6）建筑装饰工程施工中，严禁擅自改动建筑主体、承重结构，改变原有的使用功能。

（7）在装饰工程施工前，要求对建筑基层的质量验收合格后施工。

（8）建筑装饰工程施工前应有主要材料的样板或做样板间，在施工工艺与用材上经有关各方确认。

（9）墙面采用保温材料的建筑装饰工程，所用保温材料的类型、品种、规格及施工工艺应符合设计要求。

（10）管道、设备等的安装及调试应在建筑装饰工程施工前完成，当必须同步进行时，应在饰面层施工前完成，装饰工程不得影响管道、设备等的使用和维修。

（11）未经有关部门设计确认，不得擅自拆改水、暖、电、燃气、通信等配套设施。涉及燃气管道的建筑装饰工程必须符合有关安全管理的规定。

（12）严禁不经穿管直接埋设电线，电器安装应符合设计要求和国家现行标准的规定。

（13）室内外装饰装修工程施工的环境条件应满足施工工艺的要求。施工环境温度不应低于

5℃。当必须在低于5℃气温下施工时，应采取保证工程质量的有效措施。

（14）建筑装饰工程施工过程中应做好半成品、成品的保护，防止污染和损坏。

（15）建筑装饰工程验收前应将施工现场清理干净。

Ⓡ 补充要点

燃气表的安装位国家相关规定有高、中、低三种，根据《城镇燃气设计规范》（GB50028—2006）要求，对燃气表的安装有如下规定：

（1）燃气表必须安装在通风条件良好和便于查表、检修的地方，不能安装于狭小密闭的空间内。

（2）严禁安装于环境温度高于45℃的地方。

（3）严禁安装在潮湿的地方。

（4）改管必须符合下列安全条件：

①燃气表具不能密闭安装，以防止燃气积聚发生危险。

②表具要与电线、水管等保持一定间距。

③安装还要考虑到便于检修等各种因素。

国家规范规定，燃气管道、燃气表、炉具、热水器不能安装在卧室内，燃气表不能安装在厕所、浴室内；若需改变住房结构，涉及管道燃气设施变更的，请向当地燃气企业客服中心申请，由专业人员上门设计、施工。

三、建筑装饰工程对监理工作的要求

1. 监理巡视和旁站检查的基本要求

（1）在监理工作中，总监理工程师应安排监理人员对施工过程进行巡视和旁站检查。在巡视前，监理工程师应熟悉图纸，做好巡视计划，抓住重点、难点。在巡视时做到心中有数，勤看、勤量、认真对照设计要求，采取旁站形式进行检查，及时发现问题、纠正问题。

（2）对隐蔽工程的隐蔽过程、下道工序施工完成后难以检查的重点部位，专业监理工程师应安排监理员进行旁站。根据承包单位报送的隐蔽工程报验申请表和自检结果，对施工进行现场检查，对符合要求的予以签认；对未经监理人员验收或验收不合格的工序，监理人员应当场拒绝签认，并要求承包单位严禁进行下一道工序的施工。

监理工程师在日常巡视过程中，应对建筑装饰工程材料质量、施工安装质量进行检查，尤其对关键材料的平行检验或见证。对于一些关键节点部位的施工，应加大检查力度，将施工质量问题从根源上去除。

2. 监理人员对工程的质量控制

建筑装饰工程材料是建筑装饰工程的物质基础。展现装饰工程的功能、效果、质感，都离不开建筑装饰材料的合理运用。从工程造价上看，建筑装饰工程材料占据建筑装饰工程总造价的60%～70%，在工程造价中具有重要地位。

（1）建筑装饰工程设计人员、施工人员和监理人员，都必须熟悉装饰材料的种类、性能和特点以及定价，掌握各类材料的变化规律，善于在不同的工程和施工环境下，正确地选用不同的材料。专业监理工程师应要求承包单位报送重点部位、关键工序的施工工艺和确保工程质量的措施，审核同意后予以签认。

（2）当承包单位采用新材料、新工艺、新技术、新设备时，专业监理工程师应要求承包单位报送相应的施工工艺措施、证明材料，组织专题论证，经审查后由总监予以签认，方能进场施工。

（3）对承包单位报送的拟进场工程材料、构配件、设备报审表、质量证明资料进行审核。所有装饰装修材料进场前，施工单位应提前通知监理单位对材料的品种、规格、外观和尺寸等进行验收，产品的合格证明书、中文说明书、相关性能的检测报告等，专业监理师应对照设计文件和规范标准的要求进行检查。

（4）按照业主要求或有关工程质量管理文件规定，对进场的实物进行平行检验或见证取样方式进行抽检，这部分费用由业主承担，而检验中不合格的材料检验费用则由采购单位负责。需要抽样检验的必须在监理人员在场的情况下，随机抽样送到有资质的测试单位进行检测，在得到合格的检测结果后方可正式使用。

由于建筑装饰工程具有特殊性，是一项施工时间长，施工人员众多的装饰活动。应建设单位或质量监督机构要求，对工程使用的材料进行现场取样，送专门机构进行检验或现场进行试验。材料取样时，监理人员应保持在场见证，送样检验时应跟施工单位一起，对试样材料的代表性和真实性负责，试验时监理人员应现场旁站，参与试验的整个流程。对未经监理人员验收或验收不合格的工程材料、构配件、设备，监理人员应拒绝签认，并应签发监理工程师通知单，书面通知承包单位在限期内，将不合格的工程材料、构配件、设备撤出现场，监理人员负责检查。

3. 建筑装饰工程验收

专业监理工程师应对承包单位报送的分项工程质量验评资料进行审核，符合要求后予以签认；总监理工程师组织监理人员对承包单位报送的分部工程和单位工程质量验评资料进行审核和现场检查，符合要求后予以签认。

当建筑工程质量不符合要求时，应按下列规定进行处理：

（1）经返工重做或更换器具、设备的检验批，应重新进行验收。

（2）经有资质的检测单位检测鉴定能够达到设计要求的检验批，应予以验收。

（3）经有资质的检测单位检测鉴定达不到设计要求，但经原设计单位核算认可能够满足结构安全和使用功能的检验批，可予以验收。

（4）经返修或加固处理的分项、分部工程，虽然改变外形尺寸但仍能满足安全使用要求，监理人员可按技术处理方案和协商文件进行验收。

（5）通过返修或加固处理仍不能满足安全使用要求的分部工程、单位（子单位）工程，应严禁验收。对建设单位提出的工程质量缺陷，安排监理人员进行检查和记录，对承包单位进行修复的工程质量进行验收，合格后予以签认。

监理人员应对工程质量缺陷原因进行调查，分析并确定责任归属。对非承包单位原因造成的工程质量缺陷，监理人员应核实修复工程的费用，签署工程款支付证书，并报建设单位。

R 补充要点

工程竣工验收程序

（1）工程完工后，施工单位向建设单位提交工程竣工报告，申请工程竣工验收。实行监理的工程，工程竣工报告须经总监理工程师签署意见。

（2）建设单位收到工程竣工报告后，对符合竣工验收要求的工程，组织勘察、设计、施工、监理等单位组成验收组，制定验收方案。对于重大工程和技术复杂工程，应邀请有关专家参加验收组。

（3）建设单位应在工程竣工验收7个工作日前将验收的时间、地点及验收组名单书面通知负责监督该工程的建设主管部门或其委托的工程质量监督机构。

（4）建设单位组织工程竣工验收。

（5）工程竣工验收合格后，建设单位应及时提出《工程竣工验收报告》，上报建设工程质量监督站。

第二节　建筑装饰工程施工阶段质量控制

一、质量控制阶段

对任何一项建筑装饰工程，都要经过设计、施工和验收三大阶段最终形成产品交付业主，因此，质量控制也自然分为三个阶段（图4-1）。

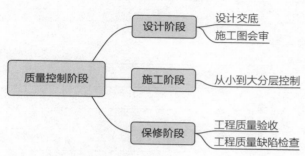

图 4-1　质量控制三大阶段

1. 设计阶段

在设计图纸的阶段，监理工程师应对设计图纸的质量予以控制，从方案策划开始，一直到施工图纸完成的这一过程中，由于目前国家尚未出台工程项目设计阶段监理的相关规范（规程），而装饰工程的特殊性，往往设计与施工不单独进行，业主虽是委托施工阶段监理，但其中含有设计监理的内容，设计不合格或存在缺陷问题，对后期施工存在较大影响。因此，监理工程师在设计阶段需要参与设计交底和施工图会审。

2. 施工阶段

施工是建筑装饰工程的主要阶段，也是监理工作最重要的阶段，对实体质量形成的控制，是从小到大的分层控制。控制检验批质量合格形成分项（子分项）工程，控制分项工程质量合格形成分部（子分部）工程，并控制其质量合格形成单位（子单位）工程，最后达到项目合格。一般来说，施工阶段的监理工作是监理人员的主要内容，也是监理的核心工作。

3. 保修阶段

这是质量控制最后的一个流程，在此阶段中，监理工程师应按照《工程建设监理规范》的相关规定，逐一履行责任。

（1）监理企业依据委托监理合同约定，对工程质量保修期的监理范围、工作时间和内容开展工作。

（2）承担质量保修期监理工作时，监理企业应安排监理人员对建设单位提出的工程质量缺陷，进行检查和记录，对承包单位进行修复的工程质量进行验收，合格后予以签认，如果验收不合格，需要承包单位修复到合格状态，否则不予签收。

（3）监理人员应对工程质量缺陷原因进行调查分析，并确定责任归属。对非承包单位原因造成的质量问题，监理人员应核实修复工程的费用和签署工程款支付证书，并报建设单位。

二、施工质量控制的基本规定

施工是形成工程实体的阶段，也是形成最终产品质量的重要阶段。其质量控制贯穿于整个阶段。验收标准尤其重视施工中的过程控制，在《建筑装饰装修工程质量验收标准》（GB50210-2018）中做了如下规定。

1. 施工现场质量管理

施工现场质量管理应有相应的施工技术标准，健全的质量管理体系、施工质量检验制度和综合施工质量水平评定考核制度。施工现场质量管理可按表4-2进行检查记录。

该表由施工单位现场主管人员填写，由总监理工程师负责检查，签字认可。这是开工后监理工程师的首要工作，要逐项检查，并将检查结果填写明

表 4-2 施工现场质量管理检查记录范本

某施工现场质量管理检查记录 开工日期：

工程名称			施工许可（开工）证	
建设单位			项目负责人	
设计单位			项目负责人	
监理单位			总监理工程师	
施工单位	项目经理		项目技术负责人	
序号	项目		内容	
1	现场质量管理制度			
2	质量责任制			
3	主要专业工种操作上岗证书			
4	分包方资质与对分包单位的管理制度			
5	施工图审查情况			
6	地质勘察资料			
7	施工组织设计、施工方案及审批			
8	施工技术标准			
9	工程质量检验制度			
10	搅拌站及计量设置			
11	现场材料、设备存放与管理			

检查结论：

总监理工程师
（建设单位项目负责人） 年 月 日

确。在装饰装修施工中，第6项与第10项一般不发生，在记录中可以去除，上表并不是非常完整的记录表，监理人员应注意根据工程实际需要增添检查项目。

2. 原材料、半成品、成品、建筑构配件、器具和设备的质量控制

建筑工程采用的主要材料、半成品、成品、建筑构配件、器具和设备应进行现场验收。凡涉及安全、功能的有关产品，应按各专业工程质量验收规范规定进行复验，并应经监理工程师（建设单位技术负责人）检查认可。这是工程质量的源头，必须从头控制住。

3. 分项工程（工序施工）操作质量的控制

各工序应按施工技术标准进行质量控制，每道工序完成后，应进行检查。相关各专业工种之间，再进行交接检验，并形成记录。未经监理工程师（建设单位技术负责人）检查认可，不得进行下道工序施工。

各分项工程（工序操作）质量，由检验批进行控制。各检验批的质量，应根据检验项目的特点选择《建筑装饰装修质量验收标准》中规定的抽样方案进行质量验查，检验批是工程质量形成的基础，必经下列手续检验。

（1）施工单位自检，合格后申请报验。验收过程中规定，必须是施工单位先自行检查合格后，再交付验收，检验批、分项工程由项目专业质量检查员，组织班组长等有关人员，按照施工依据的操作规程（企业标准）进行检查、评定，符合要求后签字，然后交监理工程师验收签认。注意工艺流程的控制，不可随意简化或颠倒流程。

（2）监理工程师巡视抽检合格后签认报验单，这是各专业监理工程师的工作。由各检验批合格即可生效判定分项合格。

4．分部工程质量控制

对分部（子分部）工程完工后，由总承包单位组织分包单位的项目技术负责人、专业质量负责人、专业技术负责人、质量检查员、分包项目经理等有关人员，对工程质量进行检查评定，达到要求各方签字，交接监理企业进行验收。分部与单位工程的报验，必须由总监理工程师签认方可生效，否则作为无效处理。施工单位的质量保证体系在此必须发挥作用，施工方各层次质检人员均要在申报验收单上签字。

🅡 补充要点

进行现场质量检查的方法有如下三种

1．观察法和感触法

（1）看。即目测外观与质量检验标准对比，并给以该工序质量评价。可用于模糊、喷涂、油漆、内墙抹灰等工序的外观检查，检查颜色、平整度、顺直度、搭接等做法是否符合要求。

（2）摸。即手感检查，可用于检查水刷石、干枯石的牢固程度，油漆的光滑度，地面抹灰是否起砂等。

（3）敲。即利用工具或手指通过敲击进行音感检查，可用于地、墙面的抹灰与饰面石的镶贴，检查有否空鼓，根据声音的清脆与沉闷，判定空鼓在面层还是底层；利用手敲玻璃，如有颤动音响，表示压条不实等。

（4）照。即利用镜子反射或灯光照射方法，检查光线较暗或不易看到、易被施工疏忽的地方，如利用小镜子反射，可检查门扇顶部的油漆程度（有时被遗漏，有时只刷一遍漆）。

2．实测法。

利用工具在现场实测，通过实测数据与施工验收规范和质量评定标准对比，判别质量是否合格，其手段可归纳为靠、吊、量、套四种。

（1）靠。即利用直尺、塞尺检查地面、墙面、屋面平整度，适用于抹灰、镶贴等工序。

（2）吊。即利用托线板及线锤吊线检查垂直度，用于墙、柱面抹灰，饰面镶贴等工序。

（3）量。即用测量工具和计量仪表等检测断面尺寸、轴线、标高、湿度、温度等的偏差，在建筑装饰装修多个工序中使用。

（4）套。即以方尺套方、塞尺辅助的方法，检查阴阳角的方正、踢脚线的垂直度、门窗口及构配件的对角线等。

3．试验检查。

利用试验手段对质量进行判断的检查方法，用于相关的工序。如饰面板（砖）与幕墙工程中后置埋件现场拉拔强度试验；幕墙结构硅酮胶试验；墙、柱粘贴剂拉力试验；型钢连接件强度试验等。

以上所述为常规的检测方法，随着科学技术的发展，现代化的测试工具、仪器、设备也不断涌现，如激光等，监理工程师应了解发展趋势，并尽快掌握使用方法。

三、影响质量的因素

工程施工是一种物质生产活动，应从影响生产活动的五个主要方面（通称4M1E），即人、机械、材料、方法、环境等因素进行全面控制。

1. 人的行为——人

人的行为主体为"人"，某些工序可将此作为重点控制，如特种作业、精密度要求高的构配件的安装、技术难度大的分项工程，如精细木制作、单件的装饰等。应从操作人员的基本素质、技术水平、心理状态、思想活动等方面给予控制。

2. 物的状态——机械

物的状态主要指施工所用机械、工具、设备及作业场地条件等。许多工序中都以物为控制重点，例如现制水磨石中应根据作业场地大小、操作人员的技术水平、进度要求等，选用恰当的机具，如单盘旋转机、双盘对转机、多用磨石机。

3. 材料和构配件——材料

材料和构配件的质量很大程度上决定了工序的质量，这在建筑装饰装修施工中尤为显著，如外饰墙面石材的质量，包括尺寸误差、色差、光洁度等都必须严格控制。石材样品选中后应进行建设单位、施工单位、监理企业三方封样，以备现场进货时对照。如果材料质量不均衡，外墙装饰效果达不到设计要求。

4. 操作顺序及关键——方法

操作方法选择是否得当，影响着建筑装饰工序的工艺水平，进而影响工程（分项、分部）的质量。因此，监理工程师应给予关注，认真比较、恰当选择。

有些工序因技术要求有严格的先后顺序和时间间歇，如果施工时被简略或遗漏，将造成质量隐患。如墙体抹灰施工，应在墙体砌筑后6～10天内，墙体得到充分沉陷，稳定干燥后才能进行，而抹灰层干燥后才能喷白、刷浆；又如瓷砖铺贴工艺，在施工前瓷砖应用水浸润8小时以上，这些规定在施工中不能违背，必须作为重点进行控制。

5. 施工环境——环境

某些工序对施工环境（温度、湿度、风沙等）有一定要求，应注意满足。如外墙涂料施工最低温度为5℃，且环境潮湿、阴雨天气、墙面挂水时均不宜进行。若遇到冬季施工达不到温度要求时，可用掺和外加剂方法解决。外加剂的种类、型号选择及掺量，都直接影响装饰质量，应作为质量预控点。又如铝合金门窗系列技术参数必须根据门的大小、所在楼层高度，选择足够的强度和刚度。由此看出，施工环境必须作为质量预控点之一。

四、施工质量管理措施

1. 建立质量保障体系

在建筑工程的施工过程中，各单位应严格遵守我国的相关法律法规，做好本职工作，保证建筑的质量。施工单位须建立质量保障责任制，要求施工单位实行工程质量终身责任制。即使交工后，如果发生重大工程质量事故，相关负责人无论在职与否都必须担负起应负的责任。另一方面，鼓励用户对建筑工程提出建议，使施工队伍能够总结、归纳经验教训，并应用在未来的工程中，从而实现全面提高建筑工程质量。施工队伍还可以开展质检小组负责解决质量问题，在提高科技水平的基础上提高工程的质量。

2. 加强验收工作的频率

在施工阶段，施工单位应进行自检、专职质检员检、交接检，并且要经过监理人员的检验，每个检验批、分项工程都须处在严格的监控中。对于隐蔽工程项目，施工单位须组织相关人员进行检查验收，并做好检查记录，确保不存在质量隐患。质检人员应做到随时跟踪检查施工过程中的每一步，对于工程质量不达标的检验批、分项、分部工程，坚决予以否认。对未认真履行监管职责的人员，监理企业必须严厉惩罚，对造成严重后果的质量问题，追究其法律责任。

3. 提高施工人员素质

建筑工程的质量问题与工作人员的职业素养息息相关。为了加强施工阶段质量管理的力度，建立一支专业技术强、政治素养高的建设队伍显得尤为重要。为此，施工单位须培训每一位参加施工管理和实际操作人员，提高施工现场的管理人员的综合能力及实际操作人员的专业技术水平。

作为监理工作中的管理人员，应具有开拓进取、敢于实践的勇气，要在失败中总结经验教训，对新鲜事物充满热情，提升团队的综合指数。

施工过程中的质量管理是整个工程质量管理的重点。没有质量保障的建筑工程便没有使用价值，除了浪费财力、物力、人力外，更浪费宝贵的社会资源。虽然在质量管理中还存在很多问题，但我国的建筑从业人员已经越来越重视建筑的质量问题，加以强制的管理，许多质量问题都可以避免。将出台的法律法规与实际的质量控制相结合，通过法律的规范，我国的建筑业一定会越来越好。

第三节　建筑装饰工程施工质量验收

一、竣工验收的标准

由于建筑工程项目门类很多，要求各异，因此必须有相应的竣工验收标准，以资遵循。一般有土建工程、安装工程、人防工程、管道工程等的验收标准。

1. 土建工程验收标准

凡生产性工程、辅助公用设施及生活设施按照设计图纸、技术说明书、验收规范进行验收，工程质量符合各项要求，在工程内容上按规定全部施工完毕。对生产性工程要求室内全部做完，室外明沟、勒脚、踏步斜道全部做完，内外粉刷完毕；建筑物、构筑物周围2m以内平整场地、清除障碍物，保持道路及下水道畅通，还要求水通、电通、道路通，才能保障后期装饰施工。

2. 安装工程验收标准

按照设计要求的施工项目内容、技术质量要求及验收规范的规定，各道工序全部保质保量施工完毕。不留尾巴，即工艺、燃料、热力等各种管道已做好清洗、试压、吹扫、油漆、保温等工作。各项设备、电气、空调、仪表、通信等工程项目全部安装结束，经过单机、联动无负稿及投料试车，全部符合安装技术的质量要求，具备形成设计能力的条件。

3. 人防工程验收标准

凡有人防工程或结合建设的人防工程的竣工验收，必须符合人防工程的有关规定，并按工程等级安装好防护密闭门；室外通道在人防密闭门外的部位增设防护门进、排风等孔口，设备安装完毕；目前没有设备的，做好基础和预埋件，具备设备以后即能安装的条件；内部粉饰完工；内部照明设备安装完毕，并可通电；工程无漏水，回填土结束；通道畅通等。

4. 大型管道工程验收标准

大型管道工程（包括铸铁管和钢管）按照设计

内容、设计要求、施工规格、验收规范，全部（或分段）按质量敷设施工完毕和竣工，泵验必须符合规定要求，达到合格，管道内部垃圾要清除，输油管道、自来水管道要经过清洗和消毒，输气管道还要经过通气换气。

在施工前，对管道材质用防腐层（内壁及外壁）要根据规定标准进行验收，钢管要注意焊接质量，并加以评定和验收。对设计中选定的闸阀产品质量要慎重检验。地下管道施工后，对覆地要求分层夯实，确保道路质量。更新改造项目和大修理项目，可以参照国家标准或有关标准，根据工程性质，结合当时当地的实际情况，由业主与承包商共同商定提出适用的竣工验收具体标准。

二、检验批、分项、分部工程质量验收合格规定

1. 检验批合格质量要求

（1）主控项目和一般项目的质量经抽样检验合格。即抽查样本均应符合主控项目的规定；抽查样本的80%以上应符合一般项目的规定；其余样本不得有影响使用功能，或者明显影响装饰效果的缺陷，其中有允许偏差的检验项目，其最大偏差不得超过规定允许偏差的1.5倍。

（2）具有完整的施工操作依据、质量检查记录。以上表明检验批质量合格有两方面条件，即实体检查和资料检查。实体检查中含主控项目和一般项目，前者是检验批的质量起决定影响的因素，不允许有不符合要求的结果，具有一项否决权。因

此，主控项目必须全部符合验收规范。

2. 分项工程质量验收要求

（1）分项工程所含的检验批均应符合合格质量的规定。主控项目必须达到规范的质量标准，才能认定为合格；一般项目必须达到规范质量标准的80%以上，其他检查点（处）不得有明显影响使用，并不得大于允许偏差值的50%为合格。

（2）分项工程所含的检验批的质量验收记录应完整。凡达不到质量标准时，应按《统一标准》的规定处理。

3. 分部（子分部）工程质量验收要求

（1）质量控制资料应完整，即应具备各子分部工程规定检查的文件和记录。

（2）分部（子分部）工程所含分项工程的质量均应验收合格。

（3）地基与基础主体结构在建筑装饰工程中不在验收范围内，但在整体工程中它与设备安装、涂饰粉刷等工程息息相关。因此，涉及安全及使用功能的项目，要对其进行见证取样试验或抽样检测，检测结果应符合有关规定。

（4）观感质量验收应符合要求。此项检查难以定量，仅由直接观察、触摸或简单测量得出综合印象，经个人主观判断给出评价，分为良好、一般、较差、差四个等级，对于"差"的检查点应通过返修处理等补救措施。

三、单位（子单位）工程质量验收（表4-3）

表4-3   工程质量验收要求

序号	验收要求
1	单位（子单位）工程所含分部（子分部）工程的质量均应验收合格
2	质量控制资料应完整
3	单位（子单位）工程所含分部工程有关安全和功能的检测资料应完整
4	主要功能项目的检查结果应符合相关专业质量验收规施的规定
5	观感质量验收应符合要求

第四节　主要分部、分项工程施工质量控制

建筑装饰工程中，主要子分部及分项工程如表4-4所示。监理工程师必须掌握各分项工程标准所适用的工程分类。各种标准虽然很多，但都可以从设计文件、原材料、施工工序、隐蔽工程等方面理解和记忆，应该说，有其自身的体系规律。

表 4-4　　　　　　　　　　　　　　　　主要分部、分项工程

序号	分部工程	子分部工程	分项工程
1	建筑装饰装修	地面	整体面层：基层，水泥混凝土面层，水泥砂浆面层，水磨石面层，防油渗透面层，水泥钢（铁）屑面层，不发火（防爆的）面层； 板块面层：基层，砖面层（陶瓷锦砖、缸砖、陶瓷地砖和水泥花砖面层），大理石面层和花岗岩面层，预制板块面层（预制水泥混凝土、水磨石板块面层），料石面层（条石、块石面层），塑料板面层，活动地板面层，地毯面层； 木竹面层：基层，实木地板面层（条材、块材面层），实木复合地板面层（条材、块材面层），中密度（强化）复合地板面层（条材面层），竹地板面层
		抹灰	一般抹灰、装饰抹灰、清水砌体勾缝
		门窗	木门窗制作与安装、金属门窗安装、塑料门安装、特殊门安装、门窗玻璃安装
		吊顶	暗龙骨吊顶、明龙骨吊顶
		轻质隔墙	板材隔墙、骨架隔墙、活动隔墙、玻璃隔墙
		饰面板	饰面板安装、饰面板粘贴
		幕墙	玻璃幕墙、金属幕墙、石材幕墙
		涂饰	水性涂料涂饰、溶剂型涂料涂饰、美术涂饰
		裱糊、软包	涂料涂饰
		细部	橱柜制作与安装、窗帘盒、窗台板与暖气罩制作与安装、门窗套制作与安装、护栏与扶手制作与安装、花饰制作与安装
2	建筑屋面装饰	卷材防水屋面	保温层、找平层、卷材防水层、细部构造
		涂膜防水屋面	保温层、找平层、涂膜防水层、细部构造
		刚性防水屋面	细石混凝土防水层、密封材料嵌缝、细部构造
		瓦屋面	平瓦屋面、油毡瓦屋面、金属板屋面、细部构造
		隔热屋面	架空层面、蓄水层面、种植层面
3	建筑给水、排水、采暖	室内给水系统	给水管道及配件安装，室内消火栓系统安装，给水设备安装，管道防腐，绝热
		室内排水系统	排水管道及配件安装，雨水管道及配件安装
		室内热水供应系统	管道及配件安装，辅助设备安装、防腐、绝热
		卫生器具安装	卫生器具给水配件安装，卫生器具排水管道安装
		室内采暖系统	管道及配件安装，辅助设备及散热器安装，金属辐射板安装，低温热水地板辐射采暖系统安装，系统水压试验及调试，防腐，绝热
		室外给水管网	给水管道安装，消防水泵接合器及室外消火栓安装，管沟及井室
		室外排水管网	排水管道安装，排水管沟与井池
		室外供热管网	管道及配件安装，系统水压试验及调试、防腐，绝热
		供热锅炉及辅助设备安装	锅炉安装，辅助设备及管道安装，安全附件安装，烘炉、煮炉和试运行，换热站安装，防腐，绝热
		水系统与游泳系统	建筑中水系统管道及辅助设备安装，游泳池水系统安装

一、抹灰工程

外墙和顶棚的抹灰层与基层之间应各抹灰层之间必须粘接牢固。这是为防止抹灰层脱落危及人身安全而做的决定，尤其是顶棚为混凝土板基体时，抹灰层与其粘接不牢，易造成质量事故。因此，在质量控制过程中，应从以下几个方面着手检查抹灰工程（图4-2）。

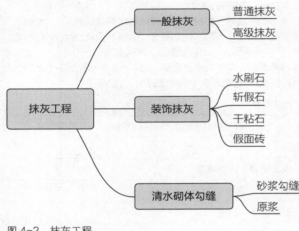

图 4-2 抹灰工程

1. 验收时应检查的文件和记录

（1）抹灰工程的施工图、设计说明及其他设计文件。

（2）材料产品的合格证书、性能检测报告、进场验收记录和复验报告。

（3）隐检工程验收记录。抹灰总厚度≥35mm时，应当加强措施，例如，在不同材料基体交接处的加强措施。

（4）施工记录。原材料质量和隐检项目的质量，是保证抹灰工程质量的基础。因此，监理工程师应检查所用材料，如水泥、砂、石灰膏、石膏等，均应符合设计要求和国家现行产品标准的规定，不合格材料不准使用，隐检项目不合格不得进入下一道工序。

2. 施工检查重点

（1）对水泥的安定性与凝结时间进行现场抽样复验。

（2）当抹灰层要求防水防潮时，应采用防水砂浆。

（3）外墙抹灰前应先安装钢木门窗框、护栏等，并应将施工孔洞堵塞密实。

（4）抹灰用的石灰膏熟化期不应少于15天，罩面用的磨细石灰粉的熟化期不应少于3天。

（5）室内墙面、柱面和门洞口的阴阳角做法应符合设计要求。设计无要求时，应用1:2水泥砂浆作暗护角，其高度不应低于2m，每侧宽度≥50mm。

（6）各种砂浆抹灰层，在凝结前应防止快干、水冲、撞击、振动和受冻，在凝结后应采取措施防止沾污和损坏。同时，水泥砂浆抹灰层应在湿润条件下养护。

3. 抹灰工程一般检验方法（表4-5）

表 4-5 抹灰工程的检验方法

分项工程	主控项目	检查方法	一般项目	检查方法
一般抹灰工程	抹灰前基层表面的污渍、尘土应清除干净，并洒水润湿	检查施工记录	一般抹灰工程的表面质量：普通抹灰表面应光滑、洁净、接槎平整，分格缝应清晰；高级抹灰表面应光滑、洁净、颜色均匀、无抹纹，分隔缝与灰线清晰美观	观察、手摸检查
	抹灰工程所用材料的品种和性能应符合设计要求；水泥的凝结时间和安定性复验应合格；砂浆的配合比应符合设计要求	检查产品合格证书、进场验收记录、复验报告和施工记录	护角、孔洞、槽、盒周围的抹灰表面应整齐光滑；管道后面的抹灰表面应平整	观察

续表

分项工程	主控项目	检查方法	一般项目	检查方法
一般抹灰工程	抹灰工程应分层进行。当抹灰总厚度大于或等于35mm时，应采取加强措施；不同材料基体交接处表面的抹灰应采取防止开裂的加强措施，当采用加强网时，加强网与各基体的搭接宽度不应小于100mm	检查隐蔽工程验收记录和施工记录	抹灰层的总厚度应符合设计要求；水泥砂浆不得抹在石灰砂浆层上；罩面石膏灰不得抹在水泥砂浆层上	检查施工记录
			抹灰分格缝的设置应符合设计要求，宽度和深度应均匀，表面应光滑，棱角应整齐	观察、尺量检查
			有排水要求的部位应做滴水线（槽），滴水线（槽）应整齐顺直，滴水线应内高外低，滴水槽的宽度和深度均不应小于10mm	观察、尺量检查
	抹灰层与基层之间及各抹灰层之间必须粘接牢固，抹灰层应无脱层、空鼓，面层应无爆灰和裂缝	观察；用小锤轻击检查；检查施工记录	符合一般抹灰工程的允许偏差与检查方法	
装饰抹灰工程	抹灰前基层表面的污渍、尘土应清除干净，并洒水润湿	检查施工记录	装饰抹灰工程的表面质量：水刷石表面应石粒清晰、分布均匀、紧密平整、色泽一致，无掉粒和接茬痕迹；斩假石表面剁纹应均匀顺直、深浅一致、无漏剁处；干粘石表面应色泽一致、不露浆不漏粘，石粒应粘结牢固、分布均匀，阳角处应无明显黑边；假面砖表面应平整、沟纹清晰、留缝整齐，色泽一致，应无掉角、脱皮、起砂等缺陷	观察、手摸检查
	装饰抹灰所用材料的品种和性能应符合设计要求；水泥的凝结时间和安定性复验应合格；砂浆的配合比应符合设计要求	—	—	—
	各抹灰层之间及抹灰层与基体之间必须粘接牢固，抹灰层应无脱层、空鼓和裂缝		装饰抹灰分格条（缝）的设置应符合设计要求，宽度和深度应均匀，表面应平整光滑，棱角应整齐	观察
	—	—	有排水要求的部位应做滴水线（槽）。滴水线（槽）应整齐顺直，滴水线应内高外低，滴水槽的宽度和深度均不应小于10mm	观察；尺量检查
	—	—	符合装饰抹灰工程质量的允许偏差和检验方法	

4. 抹灰工程允许偏差值与检验方法（表4-6）

表4-6 抹灰工程允许偏差值与检验方法

序号	名称	允许偏差 /mm						检验方法
		一般抹灰		装饰抹灰				
		普通抹灰	高级抹灰	水刷石	斩假石	干粘石	假面砖	
1	立面垂直度	4	3	5	4	5	5	用2m垂直检测尺检查
2	表面平整度	4	3	3	3	4	4	用2m靠尺和塞尺检查
3	阳角方正	4	3	3	3	3	3	用直角检测尺检查
4	分格条直线度	4	3	3	3	3	3	拉5m线，不足5m拉通线，用钢直尺检查
5	墙裙、勒脚上口直线度	4	3	3	3	—	—	拉5m线，不足5m拉通线，用钢直尺检查

补充要点

抹灰工程质量要求

（1）砌砖前已做好砂浆配合比，技术交底及配料的计量准备。

（2）砌砖时应控制砌块的含水率，对于珍珠岩砌块和陶粒混凝土砌块不需要浇水砌筑，确保砌体粘接。

（3）砌块施工应弹好建筑物的主要轴线及砌筑控制边线，经检查合格后，方可施工。

（4）由于楼面标高偏差过大造成砌筑第一皮砖的水平灰缝厚度超过20mm时，应采用细石混凝土找平，严禁在砌筑砂浆中掺砖碎或用砂浆找平，更不允许采用侧砖，中间填心打平。

（5）砌砖工程应实行样板先行制度，即先进行样板墙（间）的砌砖施工，经甲方、设计、监理及公司质安部门验收合格后，才能全面铺开施工。

（6）量标准：应符合施工质量技术的要求。

二、轻质隔墙工程

建筑内装饰工程中，轻质隔墙使用广泛，按其　　材料不同划分如图4-3所示。

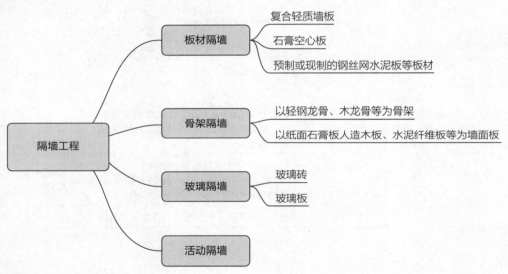

图 4-3　轻质隔墙工程

（1）验收时应检查下列文件和记录。

①轻质隔墙工程的施工图、设计说明及其他设计文件。

②材料的产品合格证书、性能检测报告、进场验收记录和复验报告。

③隐蔽工程验收记录。骨架隔墙中设备管线的安装及水管试压；木龙骨防火、防腐处理；预埋件或拉结筋；龙骨安装；填充材料的设置。

④施工记录。

（2）轻质隔墙工程应对人造木板的甲醛含量进行复验。

（3）轻质隔墙与顶棚和其他墙体的交接处应采取防开裂措施。

（4）民用建筑轻质隔墙工程的隔声性能应符合现行国家标准《民用建筑隔声设计规范》（GB50118-2010）的规定。

（5）各分项工程的检验批划分及检查数量（表4-7）。

表4-7　　　　　　　　　　各分项工程的检验批划分及检查数量

项目	检验批划分	每批检查数量
板材隔墙、骨架隔墙各分项工程	同一种品种轻质隔墙≤50间为一批，大面积房间和走廊按施工面积30m²为一批	≥10%，不得少于3间
		不足3间时应全部检查
玻璃隔墙、活动隔墙各分项工程	同一种品种轻质隔墙≤50间为一批，大面积房间和走廊按施工面积30m²为一批	≥20%，不得少于6间
		不足6间时应全部检查

（6）隔墙工程质量控制内容与检验方法（表4-8）。

表4-8　　　　　　　　　　隔墙工程质量控制内容与检验方法

类型	控制内容
板材隔墙	隔墙板材安装应垂直、平整、位置正确，板材不应有裂缝或缺损； 板材隔墙表面应平整光滑、色泽一致、洁净、接缝应均匀、顺直； 隔墙上的孔洞、槽、盒应位置正确、套割方正、边缘整齐
骨墙隔墙	板材隔墙表面应平整光滑、色泽一致、洁净，接缝应均匀、顺直，套割吻合
活动隔墙	活动隔墙推拉应无噪声； 隔墙表面应平整光滑、色泽一致、洁净，接缝应均匀、顺直； 隔墙上的孔洞、槽、盒应位置正确、套割方正、边缘整齐
玻璃隔墙	玻璃隔墙接缝应横平竖直、无裂痕、缺损、划痕； 隔墙表面应平整光滑、色泽一致、洁净，接缝应均匀、顺直； 玻璃隔墙嵌缝及玻璃砖隔墙勾缝应紧实平整、均匀顺直、深浅一致
检查方法	检查产品的合格证书、进场验收记录和质量检测报告、隐蔽工程验收记录、施工记录；观察、用尺测量检查；推拉检查

三、门窗工程

　　建筑的外门窗安装必须牢固，在安装时严禁使用射钉固定门窗。无论安装哪种类型的门窗，首先要考虑的是安装的牢固性。因此，在安装过程中，监理工程师要严格监督安装人员，禁止采用不安全的门窗固定方式（图4-4）。

1. 验收时应检查的文件和记录

　　（1）门窗工程施工图、设计说明及其他设计文件。

　　（2）材料产品的合格证书、性能检测报告、进场验收记录和复验报告。

　　（3）特种门及其附件含的生产许可证。

　　（4）隐蔽工程验收记录。预埋件和铺固件；隐蔽部位的防腐、填嵌处理。

　　（5）施工记录。

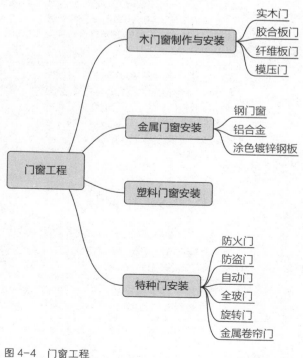

图4-4　门窗工程

2. 施工检查重点

（1）门窗安装前，检验门窗洞口尺寸。

（2）金属和塑料门窗采用预留洞口安装，不得边安装边砌口或先安装后切口的方法。

（3）木门窗与砖砌体、混凝土或抹灰层接触处要进行防腐处理，应设置防潮层，埋入砌体或混凝土中的木砖应进行防腐处理。

（4）当金属窗或塑料窗组合时，其拼撞料的尺寸、规格、壁厚应符合设计要求。

（5）特种门安装除应符合设计及验收规范外，还应符合有关专业标准和主管部门的规定。

3. 门窗制作工程安装方式（表4-9）

表4-9　　　　　　　　　　　　　　　　门窗制作工程安装方式

名称	主控项目	检验方法	一般项目	检验方法
木门窗制作与安装工程	木门窗的木材品种、材质等级、规格、尺寸、柜身的线型及人造木板的甲醛含量应符合设计要求；设计未规定材质等级时，所用木材的质量应符合《建筑装饰装修工程质量验收标准》的规定	观察；检查材料进场验收记录和复验报告	木门窗表面应洁净，不得有刨痕、锤印	观察
	木门窗应采用烘干的木材，含水率应符合《建筑木门、木窗》的规定	检查材料进场验收记录	木门窗的制角、拼缝应严密平整；门窗框、扇裁口应顺直，刨面应平整	观察
	木门窗的防火、防腐、防虫处理应符合设计要求	观察；检查材料进场验收记录	木门窗上的槽、孔应边缘整齐，无毛刺	观察
	木门窗的接合处和安装配件处不得有木节或已填补的木节；木门窗如有允许限值以内的死节及直径较大的虫眼时，应用同一材质的木塞加胶填补；对于清漆制品，木塞的木纹和色泽应与制品一致	观察	木门窗与墙体间缝隙的填嵌材料应符合设计要求，填嵌应饱满；寒冷地区外门窗（或门窗框）与砌体间的空隙应填充保温材料	轻敲门窗框检查；检查隐蔽工程验收记录和施工记录
	门窗框和厚度>50mm的门窗应用双榫连接；榫槽应采用胶料严密粘合，并用胶楔加紧	观察；手扳检查	木门窗批水、盖口条、压缝条密封条的安装应顺直，与门窗结合应牢固、严密	观察；手扳检查
	胶合板门、纤维板门和模压门不得脱胶；胶合板不得刨透表层单板，不得有戗槎；制作胶合板门、纤维板门时，边框和横楞应在同一平面上，面层边框及横楞应加压胶结；横楞和上、下冒头应各钻两个以上的透气孔，近气孔应通畅	观察	木门窗制作的允许偏差和检验方法应符合相关规定	
	门窗的品种、类型、规格、开启方向安装位置及连接方式应符合设计要求	观察；尺量检查；检查成品门的产品合格证书	木门安装的留缝限值、允许偏差和检验方法应符合规定	
	木门窗框的安装必须牢固。预埋木砖的防腐处理；木门窗框固定点的数量、位置、固定方法应符合设计要求	观察；手扳检查；检查隐蔽工程验收记录和施工记录	—	—
	木门窗扇必须安装牢固，并应开关灵活、关闭严密、无倒翘	观察；开启和关闭检查；手扳检查	—	—

4. 门窗制作的允许偏差与检验方法（表4-10）

表4-10　　　　　　　　　　　　门窗制作的允许偏差与检验方法

序号	项目	构件名称	允许偏差		检验方法
			高级	普通	
1	翘曲	框	2	3	将框、扇平放在检查平台上，用塞尺检查
		扇	2	2	
2	对角线长度差	框、扇	2	3	用钢尺检查
3	表面平整度	扇	2	2	用1m靠尺、塞尺检查
4	高度、宽度	框	0；-1	0；-2	用钢尺检查
		扇	-1；0	2；0	
5	裁口、线条接合处高低差	框、扇	0.5	1	用钢直尺、塞尺检查
6	相邻两端间距	扇	1	2	用钢直尺检查

5. 门窗安装允许偏差与检验方法（表4-11）

表4-11　　　　　　　　　　　　门窗安装允许偏差与检验方法

序号	项目	门窗种类	允许偏差				检查方法
			钢门窗	铝合金门窗	镀锌钢板门窗	塑料门窗	
1	门槽口宽度、高度	≤1500mm	2.5	1.5	2	2	用钢直尺检查
		>1500mm	3.5	2	3	3	用钢尺检查
2	门槽口对角线长度差	≤2000mm	5	3	4	3	用1m垂直检测尺
		>2000mm	6	4	5	5	用1m水平尺与塞尺检查
3	门框的正面、侧面垂直度		3	2.5	3	3	用钢尺检查
4	门框横框的水平度		3	2	3	3	用钢尺检查
5	门窗横框标高		5	5	5	5	用钢尺检查
6	门窗竖向偏离中心		4	5	5	5	用钢尺检查
7	双层门窗内外框间距		5	4	4	4	用钢尺检查
8	门窗框、扇配合间隙		—	—	—	—	用钢尺检查
9	无下框门扇与地面间隙		—	-1.5	—	—	用钢尺检查
10	推拉门窗扇与框搭接量		—	—	2	-2.5~1.5	用钢尺检查
11	推拉门窗扇与竖框平行度		—	—	—	2	用1m水平尺与塞尺检查
12	同樘平开门窗相邻扇高度差		—	—	—	2	用钢直尺检查
13	平开门窗铰链部分配合间隙		—	—	—	2~-1	用塞尺检查

四、吊顶工程

按龙骨安装方式分为暗龙骨吊顶及明龙骨吊顶，前者指以轻钢龙骨、铝合金龙骨、木龙骨等为骨架，以石膏板、金属板、矿棉板、木板、塑料板或格栅等为饰面材料的吊顶工程；后者指以轻钢龙骨、铝合金龙骨、木龙骨等为骨架，以石膏板、金属板、矿棉板、塑料板、玻璃板或格栅等为饰面材料的吊顶工程，其质量标准应符合如下规定：

1. 验收时应检查下列文件和记录

（1）吊顶工程的施工图、设计说明及其他设计文件。

（2）材料的产品合格证书、性能检测报告、进场验收记录和复验报告。

（3）隐蔽工程验收记录。吊顶内管道、设备的安装及水管试压；木龙骨防火、防腐处理；预埋件或拉结筋；吊杆安装；龙骨安装；填充材料的设置。

（4）施工记录。

2. 检验要点

（1）对人造木板的甲醛含量进行复验。

（2）安装龙骨前，应按设计要求对房间净高、洞口标高和吊顶内管道、设备及其支架的标高进行交接检验。

（3）吊顶工程的木吊杆、木龙骨和木饰面板必须进行防火处理，并应符合有关设计防火规范的规定。

（4）吊顶工程中的预埋件、钢筋吊杆和型钢吊杆应进行防锈处理。

（5）安装饰面板前应完成吊顶内管道和设备的调试及验收。

（6）吊杆距主龙骨端部距离不得大于300mm，当大于300mm时，应增加吊杆。当吊杆长度大于1.5m时，应设置反支撑。当吊杆与设备相遇时，应调整并增设吊杆。

（7）重型灯具、电扇及其他重型设备严禁安装在吊顶工程的龙骨上。

3. 吊顶工程检验方法（表4-12）

表4-12　　　　　　　　　　　　吊顶工程检验方法

分项工程	主控项目	检验方法	一般项目	检验方法
暗龙骨吊顶工程	吊顶标高、尺寸、起拱和造型应符合设计要求	观察；尺量检查	饰面材料表面应洁净、色泽一致，无翘曲、裂缝及缺损；压条应平直、宽窄一致	观察；尺量检查
	饰面材料的材质、品种、规格、图案和颜色应符合设计要求	观察；检查产品合格证书、性能检测报告、进场验收记录和复验报告	饰面板上的灯具、烟感器、喷淋头、风门箅子等设备的位置应合理、美观，与饰面板的交接应吻合严密	观察
	吊杆、龙骨和饰面材料的安装必须牢固	观察；手扳检查；检查隐蔽工程验收记录和施工记录	金属吊杆、龙骨的接缝应均匀一致，角缝应吻合，表面应平整，无翘曲、锤印；木质吊杆、龙骨应顺直，无劈裂、变形	检查隐蔽工程验收记录和施工记录
	吊杆、龙骨的材质、规格、安装间距及连接方式应符合设计要求；金属吊杆、龙骨应经过表面防腐处理；木吊杆、龙骨应进行防腐、防火处理	观察；尺量检查；检查产品合格证书、性能检测报告、进场验收记录和隐蔽工程验收记录	吊顶内填充吸声材料的品种和铺设厚度应符合设计要求，并应有防散落措施	检查隐蔽工程验收记录和施工记录
	石膏板的接缝应按其施工工艺标准进行板缝防裂处理；安装双层石膏板时，面层板与基层板的接缝应错开，并不得在同根龙骨上接缝	观察	暗龙骨安装工程应符合允许偏差值与检验方法的规定	

续表

分项工程	主控项目	检验方法	一般项目	检验方法
明龙骨吊顶工程	吊顶标高、尺寸、起拱和造型应符合设计要求	观察；尺量检查	饰面材料表面应洁净、色泽一致，不得有翘曲、裂缝；饰面板与明龙骨的搭接应平整、吻合，压条应平直、宽窄	
	饰面材料的材质、品种、规格、图案和颜色应符合设计要求；当饰面材料为玻璃板时，应使用安全玻璃或采取可靠的安全措施	观察；检查产品合格证书性能检测报告和进场验收记录	饰面板上的灯具、烟感器、喷淋头、风管、算子等设备的位置应合理、美观，与饰面板的交接应吻合、严密	观察
	饰面材料的安装应稳固严密。饰面材料勾龙骨的搭接宽度应大于龙骨受力面宽度的2/3	观察；手扳检查；尺量检查	金属龙骨的接缝应平整、吻合、颜色一致，不得有划伤擦伤等表面缺陷；木质龙骨应平整、顺直、无劈裂	观察
	吊杆与龙骨的材质、规格、安装间距及连接方式应符合设计要求；金属吊杆、龙骨应进行表面防腐处理；木龙骨应进行防腐、防火处理	观察；尺量检查；检查产品合格证书；施工记录和隐蔽工程验收	吊顶内填充吸声材料的品种和铺设厚度应符合设计要求，并应有防散落措施	检查隐蔽工程验收记录与施工记录
	明龙骨吊顶工程的吊杆和龙骨安装必须牢固	手扳检查；检查隐蔽工程验收记录和施工记录	明龙骨安装工程应符合允许偏差值与检验方法的规定	

4. 吊顶工程安装允许偏差值与检验方法（表4-13）

表4-13 吊顶工程安装允许偏差值与检验方法

序号	项目		允许偏差 /mm						检验方法
			纸面石膏板	石膏板	金属板	矿棉板	木板、格栅	塑料板、玻璃板	
1	表面平整度	暗龙骨	3	—	2	2	2	—	用2m靠尺和塞尺检查
		明龙骨	—	3	2	3	—	2	
2	接缝直线度	暗龙骨	3	—	1.5	3	3	—	拉5m线，不足5m接通线的，用钢尺检查
		明龙骨	—	3	2	3	—	3	
3	接缝高低差	暗龙骨	1	—	1	1.5	1	—	用钢直尺和塞尺检查
		明龙骨	—	1	1	2	—	1	

🅡 补充要点

吊顶验收标准

（1）吊顶工程所用材料的品种、规格、颜色及基层构造、固定方法应符合设计要求。

（2）各类龙骨吊顶必须固定牢固，固定完毕后，要进行一次全面检查和校平，并检查安装位置是否正确。

（3）木骨架所用木方规格应按设计要求，各木方之间应打胶再用钉固定，与罩面板接触的一面必须刨平。

（4）顶棚木骨架结构应符合防火要求。

（5）各类罩面板不应有气泡、起皮、裂纹、缺角、污垢和图案缺损等缺陷，表面应平整，边缘应整齐，色泽应一致。

（6）穿孔板的孔距应排列整齐，胶合板、木质纤维板不应脱胶、变色和腐朽。

（7）胶合板、中密度纤维板如用钉子固定，钉距为80～120mm，钉长为25～35mm，钉帽应打扁头产并进入板0.5～1mm，钉眼用油性腻子抹平。

（8）胶合板面如涂刷清漆，相邻板面的木纹和颜色应近似。

（9）罩面板上要裱糊或刷涂料时，接缝处应刷白乳胶粘贴细棉布，接缝两边至少各搭接50mm。

五、涂饰工程

建筑装饰常用的涂饰手法有三种，按其涂料性质如图4-5所示。

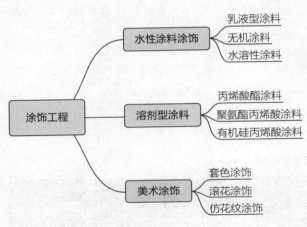

图4-5 涂饰工程

1. 验收时应检查下列文件和记录

（1）施工记录。

（2）涂饰工程的施工图、设计说明及其他设计文件。

（3）材料的产品合格证书、性能检测报告和进场验收记录。

2. 基层处理要求

（1）新建筑物的混凝土或抹灰基层在涂饰涂料前应涂刷抗碱封闭底漆。

（2）旧墙面在涂饰涂料前，应清除疏松的旧装饰层，并涂刷界面剂。

（3）混凝土或抹灰基导涂刷溶剂型涂料时，含水率不得大于8%；涂刷乳涂料时，含水率不得大于10%。木材基层的含水率不得大于12%。

（4）基层腻子应平整、坚实、牢固、无粉化、起皮和裂缝；内墙腻子的粘接强度应符合《建筑室内用腻子（JG/T298-2010）》的规定。

（5）厨房、卫生间墙面必须使用耐水腻子。

3. 美术涂饰工程

（1）美术涂饰表面应洁净，不得有流坠现象。

（2）仿花纹涂饰的饰面应具有被模仿材料的纹理。

（3）套色涂饰的图案不得移位，纹理和轮廓应清晰。

4. 检验方法（表4-14）

表4-14　　　　　　　　　　　　涂饰工程检验方法

分项工程	主控项目	检验方法	一般项目	检验方法
水性涂料涂饰工程	水性涂料涂饰工程所用涂料的品种型号和性能应符合设计要求	检查产品合格证书、性能检测报告、进场验收记录	薄涂料的涂饰质量和检验方法应符合规定	
	水性涂料涂饰工程的颜色、图案应符合设计要求	观察	厚涂料的涂饰质量和检验方法应符合规定	

续表

分项工程	主控项目	检验方法	一般项目	检验方法
水性涂料涂饰工程	水性涂料涂饰工程应涂饰均匀、粘接牢固，不得漏涂、透底、起皮和掉粉	观察；手摸检查	复层涂料的涂饰质量和检验方法应符合规定	
	水性涂料涂饰工程的基层处理应符合《建筑装饰装修工程质量验收标准》要求	观察；手摸检查；检查施工记录	涂层与其他装饰材料、设备衔接处应吻合、界面清晰	观察
溶剂型涂料涂饰工程	溶剂型涂料涂饰工程所选用涂料的品种、型号和性能应符合设计要求	检查产品合格证书、性能检测报告和进场验收记录	色漆涂饰质量与检验方法应符合规定要求	
	溶剂型涂料涂饰工程的颜色、光泽，图案应符合设计要求	观察	清漆的涂饰质量与检验方法应符合规定要求	
	溶剂型涂料涂饰工程应涂饰均匀粘接牢固，不得漏涂、透底、起皮和反锈	观察；手摸检查	涂层与其他装饰材料、设备衔接处应吻合、界面清晰	观察
	溶剂型涂料涂饰工程的基层处理应符合《建装饰装修工程质量验收标准》要求	观察；手摸检查；检查施工记录	—	—
美术涂饰工程	美术涂布所用材料的品种型号和性能应符合设计要求	观察；检查产品合格证书性能检测报告和进场验收记录	美术涂饰表面应洁净，不得有流坠现象	—
	美术涂饰工程应涂饰均匀粘；结牢固不得漏涂、透底、起皮、掉粉和反锈	观察；手摸检查	仿花纹涂饰的饰面应具有被模仿材料的纹理	
	美术涂饰工程的基层处理应符合《建筑装饰装修工程质量验收标准》第10、第1、第5条的要求	观察；手摸检查；检查施工记录	套色涂饰的图案不得移位，纹理和轮廓应清晰	—
	美术涂饰的套色、花纹和图案符合设计要求	观察	—	—

5. 涂饰质量与检验方法（表4-15）

表4-15 涂饰质量与检验方法

序号	项目	普通涂饰	高级涂饰	检验方法
1	颜色	均匀一致	均匀一致	
2	泛碱、咬色	允许少量轻微	不允许	
3	流坠、疙瘩	允许少量轻微	不允许	观察
4	砂眼、刷纹	允许少量轻微砂眼、刷纹通顺	无砂眼、无刷纹	
5	装饰线、分色线直线度允许偏差	2	1	拉5m线，不足拉通线的，用钢直尺检查

R 补充要点

涂饰工程常见的质量问题

1. 返碱。

　　漆膜遇水后，表面出现白色结晶物的现象称为返碱。主要原因：基材碱性太高或腻子质量太差，选用高碱性水泥；封闭底漆的封闭性差，不耐水、耐碱；外墙面漆的抗雨水渗透性差，大量雨水渗透，雨过天晴后，水分往外蒸发。

2. 泛白。

　　涂膜含有水分或其他液体，呈白雾状。主要原因：基材含水率过高，环境湿度过高；稀释剂挥发过快；涂料施工过厚；固化剂配套错误，与涂料不相容。

3. 涂膜黄变。

　　浅色漆膜经光、水或其他化学物质作用，出现发黄现象。主要原因：涂料中含有性能不稳定的白颜料，光氧作用下易变色；乳胶漆涂料同溶剂型涂料一起施工，乳胶漆受溶剂型涂料的影响变黄；涂膜受碱性的影响、水的浸泡等也会导致泛黄。

4. 粉化。

　　涂膜表面有粉末状物质析出，用手轻轻擦拭，掉下白粉。主要原因：涂料太稠，稀释剂过少；未采用合适的喷涂距离与喷涂压力；施工场地温度过高，风速过快，干燥过快，涂料无法充分流平；加入固化剂后放置时间过长。

5. 涂膜开裂。

　　干燥涂膜上生成线状、多角状，或不定状裂纹。主要原因：底漆涂刷后，暴露时间过长，有粉化存在；腻子强度低，耐水性差，吸水膨胀，致面涂起皮脱落；基底或腻子碱性过高，不停泛碱，致涂膜起皮脱落；基层表面过硬和光滑，面涂附着力差；涂膜干燥过快，成膜不充分。

6. 涂膜起泡。

　　一段时间后，局部涂膜出现老化，附着力丧失，起皮剥落。主要原因：由于水分透入漆面内或墙体表面潮湿，导致漆层失去了黏附性，以致在物体表面上起成泡状；上道涂料没干透，就涂布下一道，导致上道涂料中的水分和溶剂不能顺利排出；在阳光直射下进行施工；乳胶漆干后不久，就暴露在湿气或雨水中。

7. 咬底现象。

　　涂膜起鼓移位、起皱。主要原因：底层涂料未彻底干透就涂刷面漆，或前道涂料与后道涂料不配套所引起的涂膜鼓起移位、溶解、起皱、收缩、脱落等，多见于溶剂型涂料。

8. 流挂现象。

　　施工时涂料产生向下流淌、形成眼泪或波纹状外观。主要原因：涂料稀释过度或涂料本身黏度太低，一次性涂刷过厚，喷枪嘴与被涂表面靠得太近。

六、裱糊与软包工程

　　建筑装饰中常用的裱糊与软包工程是饰面美化手法之一，裱糊工程含聚氯乙烯塑料壁纸、复合纸质壁纸、墙布等裱糊工程，软包工程常用于墙、门等软包工程，其质量控制仍按三个层次进行。

1. 裱糊与软包工程验收文件和记录

（1）裱糊与软包工程的施工图、设计说明及其他设计文件。

（2）饰面材料的样板及确认文件。

（3）材料的产品合格证书、性能检测报告、进场验收记录和复验报告。

（4）施工记录。

2. 基层处理的质量要求

（1）新建筑物的混凝土或抹灰基层墙面在刮腻子前应涂刷抗碱封闭底漆。

（2）旧墙面在裱糊前应清除疏松的旧装饰层，并涂刷界面剂。

（3）混凝土或抹灰基层含水率不得大于8%，木材基层的含水率不得大于12%。

（4）基层腻子应平整、坚实、牢固，无粉化、起皮和裂缝等现象。腻子的粘接强度应符合《建筑室内用腻子（JG/T298-2010）》的规定。

3. 各分项工程的检验批划分及检查数（表4-16）

表 4-16   各分项工程的检验批划分及检查数

项目	检验批划分	每批检查数量
裱糊	每≤50间应划分为一批，大面积房间和走廊按施工面积30m² 为1间	裱糊工程≥10%，不得少于3间
		不足6间时应当全部检查
软包	每≤50间应划分为一批，大面积房间和走廊按施工面积30m² 为1间	软包工程≥20%，不得少于6间
		不足6间时应当全部检查

4. 裱糊与软包工程的检查方法（表4-17）

表 4-17   裱糊与软包工程的检查方法

分项工程	裱糊工程	软包工程	检查方法
产品质量	壁纸、墙布的种类、规格、图案、颜色、燃烧性能必须符合设计要求、国家现行标准的有关规定	面料、内衬材料，边框的材质、颜色、图案、燃烧性能等级、木材含水率应符合国家现行标准的有关规定	（1）观察；（2）检查产品合格证书、进场验收记录、性能检测报告
基础处理	基层处理质量应符合上述要求	安装位置及构造做法应符合设计要求	（1）观察;（2）用手摸检查;（3）检查施工记录
施工工艺	裱糊后各幅接处花纹、图案应吻合、不离缝、不塔接、不显接缝；拼缝检查距离墙面1.5m处正视	面料不应有接缝，四周应绷压严密	观察
验收标准	壁纸、墙布应粘接牢固，不得有漏贴、补贴、脱层、空鼓、翘边	龙骨、衬板、边框应安装牢固，无翘曲、拼缝平直	（1）观察；（2）用手摸检查

七、幕墙工程

玻璃幕墙又分为隐框、半隐框、明框、全玻及点支承玻璃幕墙等多种，监理工程师可以根据各类材料和安装方式对照相应的施工技术规范和验收规范进行监督。因目前幕墙使用较为广泛，对其质量控制尤应引起重视。

1. 幕墙工程验收检查数量

（1）相同设计、材料、工艺和施工条件的幕墙工程，每个检验批每100m² 应至少抽查一处，每处不得小于10m²。

（2）对于异型或有特殊要求的幕墙工程，应根据幕墙的结构和工艺特点，由监理单位（或建设单位）和施工单位协商确定。

2. 验收时应检查下列文件和记录

（1）检查幕墙工程的施工图、结构计算书、设计说明及其他设计文件。

（2）检查建筑设计单位对幕墙工程设计的确认文件。

（3）检查进场原材料所用硅酮结构胶的认定证书和抽查合格证明，进口硅酮结构胶的商检证；国家指定检测机构出具的硅酮结构胶相容性和剥离黏结性试验报告；石材用密封胶的耐污染性试验报告。

（4）检查所用各种材料、五金配件、构件及组件的产品合格证书、性能检测报告、进场验收记录和复验报告。

（5）后置埋件的现场拉拔强度检测报告。当施工未设预埋件（如幕墙设计时间较晚，结构施工时尚未有幕墙施工图），预埋件漏放或偏离设计位置、设计变更或旧建筑加装幕墙时，往往使用后置埋件（膨胀螺栓或化学螺栓），此时，监理工程师应监督施工方作现场拉拔强度检测，其数据应设计承载力要求，检测单位应具有相应资质并出具有效报告以备竣工验收。

（6）幕墙的抗风压性能、空气渗透性能、雨水渗透性能、平面变形性能检测报告。

（7）打胶、养护环境的温度、湿度记录；双组分硅酮结构胶的混匀性试验记录及拉断试验记录。

（8）防雷装置测试记录。

3. 幕墙工程检验方法（表4-18）

表4-18 幕墙工程检验方法

分项工程	主控项目	检验方法	一般项目	检验方法
金属幕墙	金属面板的品种、规格、颜色，光泽及安装方向应符合设计要求	观察；检查进场验收记录	金属幕墙的密封胶缝应横平竖直、深浅一致、宽窄均匀、光滑顺直	观察
	金属幕墙主体结构上的预埋件、后置埋件的数量、位置及后置埋件的拉拔力必须符合设计要求	检查拉拔力检测报告和隐蔽工程验收记录	金属幕墙上的滴水线、流水坡向应正确、顺直	观察；用水平尺检查
	金属幕墙的金属框架立柱与主体结构预埋件的连接、立柱与横梁的连接、金属面板的安装必须符合设计要求，安装必须牢固	手扳检查；检查隐蔽工程验收记录	每平方米金属板的表面质量与检验方法应符合相关规定	
	金属幕墙的防火、保温、防潮材料的设置应符合设计要求	检查隐蔽工程验收记录	金属幕墙安装的允许偏差与检验方法应符合规定	
	金属框架及连接件的防腐处理应符合设计要求	检查隐蔽工程验收记录和施工记录	—	—
	金属幕墙的防雷装置必须与主体结构的防雷装置可靠连接	检查隐蔽工程验收记录	—	—
	各种变形缝、墙角的连接节点应符合设计要求和技术标准的规定	观察；检查隐蔽工程验收记录	—	—
	金属幕墙的板缝注胶应饱满、密实、连续、均匀、无气泡，宽度和厚度应符合设计要求和技术标准的规定	观察；尺量检查；检查施工记录	—	—
	金属幕墙应无渗漏	在易渗满部位进行淋水检查	—	—
石材幕墙	石材幕墙工程所使用的各种材料的表面质量和检验方法符合设计要求及国家现行产品标准和工程技术规范的规定	检查产品合格证书、性能检测报告、材料进场验收记录和复验报告	石材幕墙表面应平整、洁净，无污染、缺损和裂痕。颜色和花纹应协调一致，无明显色差，无明显修痕	观察
	石材幕墙的造型、立面分格、颜色、光洋花纹和图案应符合设计要求	观察	石材幕墙的压条应平直、洁净，接口严密安装牢固	观察；手扳检查

续表

分项工程	主控项目	检验方法	一般项目	检验方法
石材幕墙	石材孔槽的数量、深度、位置、尺寸应符合设计要求	检查进场验收记录或施工记录	石材接缝应横平竖直、宽窄均匀；板边合缝应顺直；凸凹线出墙厚度应一致，上下口应平直	观察；尺量检查
	石材幕墙主体结构上的预埋件和后置埋件的位置、数量及后置埋件的拉拔力必须符合设计要求	检查拉拔力检测报告和隐蔽工程验收记录	石材幕墙的密封胶缝应横平竖直、深浅一致、宽窄均匀、光滑顺直	观察
玻璃幕墙	玻璃幕墙工程所使用的各种材料、构件和组件的质量，应符合设计要求及国家现行产品标准和工程技术规范的规定	检查产品合格证书、进场验收记录、性能检测报告和材料的复验报告；观察；	玻璃幕墙表面应平整、洁净；整幅玻璃的色泽应均匀一致；不得有污染和镀膜损坏	观察
	玻璃幕墙使用的玻璃应符合设计要求，幕墙应使用安全玻璃，玻璃的品种、规格、颜色性能及安装方向应符合设计要求	观察；尺量检查；检查施工记录	明框玻璃幕墙的外露框或压条应横平竖直、颜色、规格应符合设计要求，压条安装应牢固；单元玻璃幕墙的单元拼缝或隐框玻璃幕墙的分格	观察；手扳检查；检查进场验收记录
	玻璃幕墙与主体结构连接的各种预埋件、连接件、紧固件必须安装牢固，其数量、规格、位置、连接方法和防腐处理应符合设计要求	观察；检查隐蔽工程验收记录和施工记录	表面质量与检验方法符合相关规定	
	各种连接件、紧固件的螺栓应有防松动措施；焊接连接应符合设计要求和焊接规范的规定	观察；检查隐蔽工程验收记录和施工记录	检验方法符合相关规定	
	隐框或半隐框玻璃幕墙，每块玻璃下端应设置两个铝合金或不锈钢托条，其长度＞100mm，厚度＞2mm，托条外端应低于玻璃外表面2mm	观察；检查施工记录	玻璃幕墙的密封胶缝隙应横平竖直、深浅一致、宽窄均匀	观察；手摸检查

4. 玻璃幕墙安装允许偏差值与检验方式（表4-19）

表4-19　　　　　　　　　　　玻璃幕墙安装允许偏差值与检验方式

序号	项目		允许偏差/mm	检验方法
1	幕墙垂直度	幕墙高度≤30m	10	用经纬仪检查
		30m＜幕墙高度≤60m	15	
		60m＜幕墙高度≤90m	20	
		幕墙高度＞90m	25	
2	幕墙水平度	幕墙幅宽≤35m	5	用水平仪检查
		幕墙幅宽＞35m	7	
3	构件直线度		2	用2m靠尺与塞尺检查
4	构件水平度	构件长度≤2m	2	用水平仪检查
		构件长度＞2m	3	
5	相邻构件错位		1	同钢直尺检查
6	分格框对角线长度差	对角线长度≤2m	3	用钢尺检查
		对角线长度＞2m	4	

八、细部工程

装饰工程中所含细部工程如下（图4-6）：

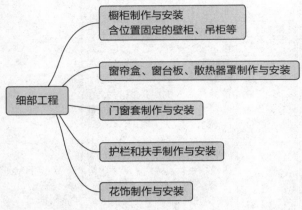

图 4-6 细部工程划分

1. 细部工程验收时应检查下列文件和记录

（1）施工图、设计说明及其他设计文件。

（2）材料的产品合格证书、性能检测报告、进场验收记录和复验报告。

（3）隐蔽工程验收记录。预埋件（或后置埋件）；护栏与预埋件的连接节点。

（4）施工记录。

2. 细部工程应对人造木板的甲醛含量进行复验

对人造木板的甲醛含量复验主要有穿孔萃取法、干燥器法、气候箱法三种。其中气候箱法最方便快捷。首先，将1m²板材放入到温度为23℃左右，相对湿度为45%左右、空气流速为（0.1~0.3）m/s、空气置换率为1Ac/h左右的气候箱内，甲醛通过在气候箱内发生化学反应48h。然后，从箱内定期抽取箱内的空气，并将抽出来的空气通过装有蒸馏水的吸收瓶，空气中的甲醛就会完全融入水中。最后通过仪器检测吸收液里面的甲醛量，根据抽取的空气体积，计算出每立方米的空气中的甲醛量，通过mg/m³表示。

3. 各分项工程的检验批划分及检验数量（表4-20）

表 4-20　　　　各分项工程的检验批划分及检验数量

项目	检验批划分	每批检查数量
细部工程	同类产品每≤50间应划分为一批（大面积房间与走廊按涂饰面积30m²为1间）	至少抽查3间
		不足3间时应当全数检查
	每部楼梯划分为一批	每个检验批的护栏与扶手应全部检查

4. 细部工程控制内容（表4-21）

表 4-21　　　　　　　　　　细部工程控制

细部分类	橱柜	窗帘盒、窗台板、散热器罩	门窗套	护栏、扶手	花饰
控制内容	所用材料的材质、规格，木材的燃烧性能、含水率，花岗岩的放射性与人造板的甲醛含量等应符合设计要求与国家现行标准的有关规定	同左	同左	所使用材料的材质、规格、数量与木材、塑料的燃烧性能等级应符合设计要求	所使用材料的材质、规格，应符合设计要求
	安装预埋件或后置埋件的数量、规格、位置，应符合设计要求	—	—	护栏高度、栏杆间距、安装位置必须符合设计要求，安装必须牢固	花饰造型、尺寸，应符合设计要求
	造型、尺寸、安装位置、制作与固定方法，应符合设计要求，安装牢固	同左	同左	安装预埋件的数量、规格、位置、连接节点等应符合设计要求	安装位置与固定方法必须符合设计要求

续表

细部分类	橱柜	窗帘盒、窗台板、散热器罩	门窗套	护栏、扶手	花饰
控制内容	配件的品种、规格，应符合设计要求。配件应齐全、安装牢固	同左	—	造型、尺寸及安装位置应符合设计要求	—
	抽屉与柜门应开关灵活、回位正确	—	—	护栏玻璃应使用公称厚度≥12mm的钢化玻璃或夹层玻璃，当护栏一侧距楼地面高度为5m及以上时，应使用钢化夹层玻璃	—
检查方法	检查产品的合格证书、进场验收记录和性能检测报告、3报告、隐蔽工程验收记录、施工记录；观察、用尺测量检查；手扳检查；开启与关闭检查				

5. 细部工程项目的允许偏差值与检验方式（表4-22）

表 4-22　　　　　　　　　　　　细部工程项目的允许偏差值与检验方式

一、橱柜安装允许偏差值与检验方式			
序号	项目	允许偏差/mm	检验方式
1	外观尺寸	3	用钢尺检查
2	立面垂直度	2	用1m垂直检测尺检查
3	门与框架的平行度	2	用钢尺检查

二、窗帘盒、窗台板和散热器安装允许偏差值与检验方式			
序号	项目	允许偏差/mm	检验方式
1	水平度	2	用1m水平尺与塞尺检查
2	上口、下口直线度	3	用5m线检查，不足5m时用钢直尺检查
3	两端距离窗洞的长度差	2	用钢尺检查
4	两端出墙厚度差	3	用钢尺检查

三、门窗套安装允许偏差值与检验方式			
序号	项目	允许偏差/mm	检验方式
1	正侧面垂直度	3	用1m垂直检测尺检查
2	门窗套上口水平度	1	用1m水平尺与塞尺检查
3	门窗套上口直线度	3	用5m线检查，不足5m时用钢直尺检查

四、护栏与扶手安装允许偏差值与检验方式			
序号	项目	允许偏差/mm	检验方式
1	护栏垂直度	3	用1m垂直检测尺检查
2	栏杆间距	3	用钢尺检查
3	扶手直线度	4	拉通线，用钢直尺检查
4	扶手高度	3	用钢尺检查

五、花饰安装允许偏差值与检验方式			
序号	项目	室内	室外	检验方式
		允许偏差/mm		
1	条型花饰的水平度或垂直度	1	2	拉线或用1m垂直检测尺检查
		3	6	
2	单独花饰中心位置偏移	10	15	用5m线检查，不足5m时用钢直尺检查

⒭ 补充要点

控制施工质量的主要手段

1. 审核有关技术文件、资质或报表，签署施工现场质量管理检查记录。

在质量控制工作中，这部分是相当重要的，每个程序都必须认真履行，不得从简。主要审核反映施工方管理质量的各项制度和技术文件，如有关人员资料和上岗证、各种试验结果、分项工程一次验收合格率统计表、施工组织设计、施工方案、工序质量动态的统计资料或管理图表。

2. 进场验收。

监理工程师对每次进场的原材料、构配件、设备均要依据设计图纸及产品技术参数要求对"质"与"量"进行检验，一切手续要齐全。产品合格、数量准确，准用于工程，不合格产品要立即清退出场，不得进入现场暂存，以免误用。

3. 见证取样检测。

在监理企业或建设单位监督下，由施工单位有关人员现场取样，并送至具备相应资质的检测单位进行的检测，这是控制施工和材料检验的有效方法之一。

4. 旁站监理。

由监理人员在现场进行的监督活动。具体的监理旁站人员操作方法及规定详见《房屋建筑工程施工旁站监理管理办法》（试行）。

5. 抽样检验。

按照规定的抽样方案，随机地从进场的材料、构配件、设备或建筑工程检验项目中，按检验批抽取一定数量的样本进行检验。注意抽样方案应按照统一标准中的有关规定选择。

6. 平行检验。

项目监理机构利用一定的检查或检测手段，在承包单位自检的基础上，按照一定比例独立进行检查或检测的活动。注意，"平行"绝不是监理工程师与施工人员一起检查，应在其后单独进行。

7. 巡视。

监理人员对正在施工的部位或工序在现场进行的定期或不定期的监督活动。实际操作中，这是每天都要做的基础工作，主要部位和重要工序甚至要每日多次，可以做到质量在受控制状态。

8. 主持召开工地监理例会。

根据《建设工程监理规范》术语，工地例会即：由项目监理机构主持的，在工程实施过程中对工程质量、造价、进度、合同管理等事宜定期召开的，由有关单位参加的会议。在施工过程中，总监理工程师应定期主持召开工地例会。

9. 及时召开专题会。

总监理工程师或授权专业监理工程师，根据需要可及时组织专题会议，解决施工过程中的各种专项问题。工程项目各主要参建单位均可向项目监理机构书面提出召开专题会议的动议。动议内容包括：主要议题、与会单位、人员及召开时间。经总监理工程师与有关单位协商，取得一致意见后，由总监理工程师签发召开专题工地会议的书面通知，与会各方应认真做好会前准备。会议纪要的形成过程与工地例会相同。

10. 监理工程师通知单。

监理工程师通知单是监理工程师工作的重要手段之一，是向施工方发出的文字信息，具有监理指令的作用。在质量、进度、投资的控制中，均可采用。

Ⓢ 本章小结

在建筑装饰工程中，质量问题是第一要点，只有保证了工程质量，建筑装饰工程才能展现出作用与效果。在本书中，通过对建筑装饰工程的基本要求、施工质量控制、质量验收、竣工验收等方面的知识讲解，抓住装饰工程中的质量监管要点，监理人员才能更好地行使自己的监管职能。

Ⓟ 课后练习

1. 如何在装饰工程中控制质量？
2. 建筑装饰工程的基本要求有哪些？
3. 在建筑装饰工程中，监理需要承担哪些工作职责？
4. 影响施工质量的原因是什么？
5. 质量控制阶段应注意哪些问题？
6. 在施工中如何管理质量？具体措施有哪些？
7. 装饰工程验收标准是什么？
8. 门窗在安装过程中，如何避免磕碰、不牢固等问题？
9. 抹灰工程中，墙面出现了开裂现象，监管人员应如何处理？
10. 请举例某一细部工程在控制质量时的方式。

第五章
建筑装饰工程进度控制

PPT 课件

>> **学习难度**：★ ★ ★ ☆ ☆

>> **重点概念**：计划系统、控制、进度编制、调整、监测系统

>> **章节导读**：装饰工程进度是目标控制的三大目标之一，在施工过程中，合理把握施工进度计划，按时开工、竣工验收，是保证工程顺利完成的有效手段。监理企业在进度控制程序中，采用计划、控制、协调的方法，监理施工进度实施。由此可见，装饰工程进度控制在施工作业中具有重要地位。

第一节　建筑装饰工程进度控制概述

从工程项目建设程序看，无论是工程中的哪一项作业，都需要花费一定时间、一定流程来办理，同时，还必须完成计划的工作内容。因此，对装饰工程编制工作计划，说明各项工作的资源、人力的投入，各项工作在控制的时间内得以完成并可相互衔接，这个计划可用不同的表示方法如文字、表格反映，这些统称为工程项目建设的进度计划系统。

一、装饰工程进度计划系统

1. 工程项目前期工作计划

工程项目前期的工作计划是指对可行性研究、设计任务书及初步设计的工作进度安排，在预测的基础上可用表格形式编制。

2. 工程项目建设总进度计划

工程项目建设总进度计划是指初步设计被批准后，对工程项目从实施开始（设计、施工准备）至竣工投产（动用）全过程的统一部署，安排各单项工程和单位工程的建设进度，合理分配年度投资，组织各方面的协作，保证初步设计确定的各项建设任务的完成。其主要内容如下：

（1）文字说明。

（2）工程项目一览表，按照单项工程、单位工程归类并编号列表。

（3）工程项目总进度计划，具体安排单项工程和单位工程的进度，一般用横道图编制。

（4）工程项目进度平衡表。明确各承建单位所承担任务的完成日期，含设计文件、主要设备交货、施工单位进场和竣工，水、电、道路接通日期等。以保证建设中各个环节相互衔接，确保工程项目按期投产。

3. 工程项目年度计划

根据总进度计划分批配套投产或交付使用的要求，合理安排年度建设的工程项目，既要满足工程项目总进度的要求，又要与本年度可能获得的资金、设备、材料、施工力量相适应。含文字和表格（年度计划项目表、建设资金平衡表、年度设备平衡表、竣工投产交付使用计划表等）两部分内容。

建设单位的进度计划系统是全面的、宏观的、从粗到细的系列文件，即从前期到总进度再到年进度，对施工方和监理方而言，了解前期和总进度情况的信息，对承揽业务十分重要。年度计划对已中标的施工方和监理方说来，其投入的资金与拟完成的工程量、上级主管部门提出的要求和可能给予的协助，是制定进度控制的依据之一，应该充分了解、领会和贯彻实现。

监理企业应根据业主的委托业务范围，协助业主编制上述几种进度计划，以此为依据，对其他承建单位的进度进行监控。其次，控制进度计划应阐明工程项目前期准备、设计、施工、竣工初验及竣工验收备案等几个阶段的控制进度，一般用横道图表示，如表5-1所示。

表 5-1　　　　　　　　　　进度控制计划表

阶段名称	阶段进度																	
	2016 年		2017 年													2018 年			
	11	12	1	2	3	4	5	6	7	8	9	10	11	12	1	2	3	4
前期准备																		
设计																		
施工																		
竣工初验																		
竣工验收备案																		

二、施工单位的计划系统

1. 施工总进度计划

施工总进度计划是整个施工项目的整体计划，它是用来确定工程项目中（包含施工准备工作）各单项工程或单位工程的施工顺序、施工时间及相互间衔接关系的计划。依据定额工期或合同工期及设计图纸决定的工艺流程、施工组织设计和资源供应条件、工程动用时间目标、建设地区自然条件等有关技术经济资料编制，一般以横道图表示。正式的施工总进度计划确定后，以此为依据，编制大型施工机械、劳动力等资源的需用量计划，以便组织供应，保证施工总进度计划的实现。

2. 单位工程施工进度计划

单位工程施工进度计划是按照施工总进度计划的规定，根据工期和各种资源供应条件，对单位工程中的各分部、分项工程的施工顺序、施工起止时间、各项目之间的衔接关系进行合理安排的计划。其编制的主要依据还有：单位工程施工方案、施工图和施工预算及定额、施工现场条件、气象资料等。单位工程施工进度计划的编制程序如图5-1所示。

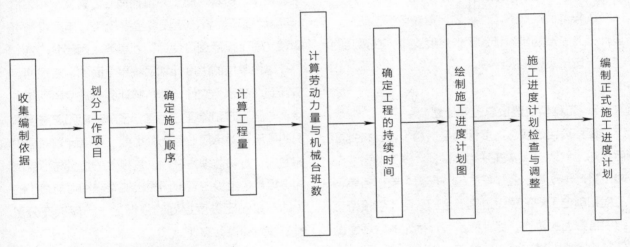

图 5-1　单位工程施工进度计划编制程序示意图

3. 物资供应进度计划

工程建设物资供应计划是对工程项目建筑施工、安装所需物资的预测和安排，是指导和组织工程项目的物资采购、加工、储备、供货和使用的依据。其根本作用是保障工程建设的物资需要，以达到按进度计划组织施工的目的。就工程项目而言，物资计划按其内容和用途可分为：需求、供应、储备、申请与订货、采购与加工和国外进口物资等计划。

三、施工进度控制工作流程（图5-2）

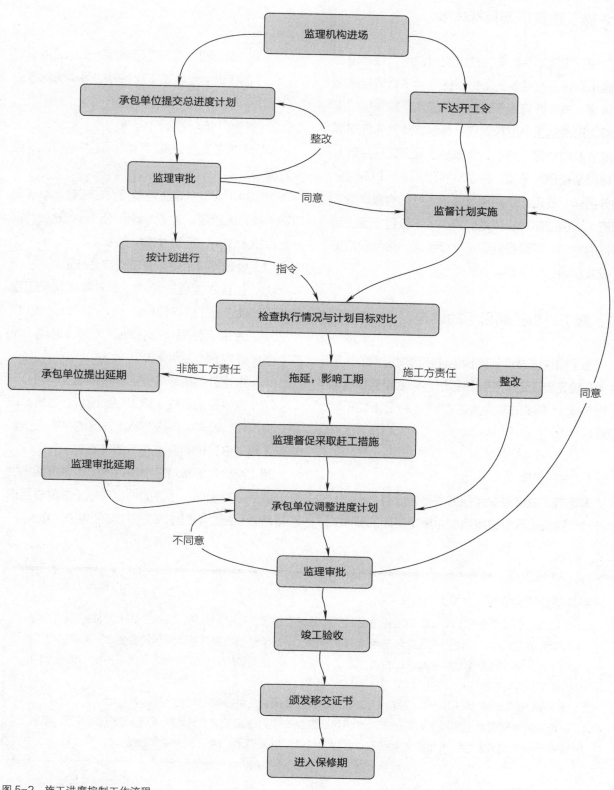

图 5-2　施工进度控制工作流程

第二节 确定施工阶段进度控制目标

一、施工进度控制目标体系

保证工程项目如期完成、交付使用，是建设工程施工阶段进度控制的最终目的。为了有效控制施工进度，首先要将施工进度总目标从不同角度层层分解，形成施工进度控制目标体系，从而作为实施进度控制的依据。其次，各单位工程交工动用的分目标以及按承包单位、施工阶段和不同计划期划分的分目标。各目标之间相互联系，共同构成建设工程施工进度控制目标体系。其中，下级目标受上级目标的制约，下级目标保证上级目标，最终保证施工进度总目标的实现。

二、施工进度控制目标的确定

为了加快进度计划的预见性和进度控制的主动性，在确定施工进度控制目标时，必须全面细致地分析与建设工程进度有关的各种有利因素和不利因素。

1. 主观因素

确定施工进度控制目标的主要依据有：

（1）建设工程总进度目标对施工工期的要求。

（2）工期定额、类似工程项目的实际进度。

（3）工程难易程度和工程条件的落实情况等。

2. 其他因素

在确定施工进度分解目标时，还要考虑以下各个方面：

（1）对于大型建设工程项目，应根据尽早提供可动用单元的原则，集中力量分期、分批建设，以便尽早投入使用，尽快发挥投资效益。

（2）合理安排土建与设备的综合施工。

（3）结合本工程的特点，参考同类建设工程的经验，确定施工进度目标。

（4）考虑工程项目所在地区地形、地质、水文、气象等方面的限制条件。

（5）考虑外部协作条件的配合情况。

（6）做好资金供应、施工力量配备、物资（材料、构配件、设备）供应与施工进度的平衡工作，确保工程进度目标的要求而不使其落空。

综上所述，要想对工程项目的施工进度实施控制，就必须有明确、合理的进度目标（进度总目标和进度分目标）；否则，进度控制便失去了意义。

🅡 补充要点

影响进度的因素

1. 工程建设相关单位的影响。影响工程进度的不只是施工单位，凡是相关单位，其工作进度都或多或少地影响着施工进度，如政府主管部门的手续办理周期，设计单位出图速度不能满足进度要求，或是图纸之间存在矛盾，各专业分包之间的配合发生矛盾，或业主直接发包的分包与总包之间关系不顺，供电部门的停电限电等。

2. 施工条件的影响。施工现场的气候、人文、地理位置及周围环境等都有可能出现不利因素。

3. 承包商自身管理水平和技术力量的影响。承包商自身的实力是实现进度计划的保证。若实力不足，如未按中标条件配备项目经理和技术负责人、劳动力与资源供应不足，均反映出技术力量欠缺。

4. 设计变更、洽商的影响。在施工过程中出现设计变更和洽商是难免的，有因为业主提供的设计要点不明确的因素，也有设计人员工作不到位造成各专业之间搭配不当，发生矛盾需要更改的问题。装饰装修工程中往往因材料、色彩、价格等诸多因素的影响使业主拿不定主意，迟迟定不下方案，造成出图困难，或虽依照图纸施工，但实际效果又难使各方人士满意，因之设计变更经常发生，在改造工程中更多见。

5. 物资供应进度的影响。施工过程中需要的材料、构配件、机具和设备等如果不能按期运抵施工现场，或是运抵施工现场后发现其质量不符合有关标准的要求，都会对施工进度产生影响。因此，监理工程师应严格把关，采取有效措施控制好物资供应进度。

6. 资金的影响。一般来说，资金的影响主要来自业主，无论是没有及时给足工程预付款，还是拖欠了工程进度款，都会影响承包单位流动资金的周转，进而殃及施工进度。

第三节 施工阶段进度控制的内容

施工阶段是工程实体的形成阶段，其进度控制是整个工程项目控制的重点，进度控制的主要任务是在满足工程项目建设总进度计划的基础上，审核施工进度计划，并对计划执行的情况加以控制，保证装饰工程项目如期交付使用。在施工阶段进度控制中，主要包括事前、事中、事后进度控制。

一、事前进度控制

事前进度控制是指项目正式施工前进行的进度控制，其具体内容如下：

（1）编制施工阶段进度控制工作细则。这一细则是针对具体的施工项目来编制的，它是实施进度的一个指导性文件。

（2）编制或审核施工总进度计划。总进度计划的开竣工日期与项目总进度计划的时间必须一致，因此，需审核承包商编制的总进度计划。

（3）审核单位工程施工进度计划。一般情况下，施工单位在编制单位工程施工进度计划时，除满足关键控制日期的要求外，其他施工过程安排的灵活性大，用以协调施工中各方面关系。因此，在不影响合同规定与关键部位进度目标实现的情况下，业主、监理工程师可不干涉。

（4）进度计划系统的综合。业主、监理工程师在审核施工单位提交的施工进度计划后，往往要把若干个相互关系，或处于同一层次或不同层次的施工进度计划，综合成一个施工总进度计划，以利于进度总体控制。

（5）编制年度、季度、月度工程进度计划。进度控制人员应以施工总进度计划为基础，编制年度施工进度计划，安排年度工程投资额，单项工程的项目、形象进度和所需的各种资源。

（6）材料和施工力量，做好综合平衡，相互衔接。年度计划可作为建设单位拨付工程款和备用金的依据。此外，还需编制季度和月度进度计划，作为施工单位近期执行的指令性计划，以保证施工总进度计划的实施。最后，适时发布开工令。

二、事中进度控制

事中进度控制是指项目施工过程中进行的进度控制，这是施工进度计划能否从预想到实现的关键过程。进度控制人员一旦发现实际进度与目标偏离，必须及时采取措施，纠正偏差。

事中进度控制的具体内容包括：

（1）建立现场办公室，以保证施工的顺利实施。

（2）及时检查和审核施工单位提交的进度统计分析资料和进度控制报表。

（3）协助施工单位实施进度计划，随时注意施工进度计划的关键控制点，了解进度实施的动态。

（4）对收集的进度数据进行整理和统计，并将计划与实际进行比较，从而发现是否有进度偏差。

（5）做好工程施工进度记录。

（6）定期向建设单位汇报工程实际进展状况，按期提供必要的进度报告。

（7）分析进度偏差将带来的影响并进行工程进度预测，从而提出可行的修改措施。

（8）重新调整进度计划并付诸实施。

（9）了解施工进度实际状况，避免承包单位谎报工作量的情况，进行必要的现场跟踪检查，以检查现场工作量的实际完成情况，为进度分析提供可靠的数据资料。

（10）核实已完工程量，签发应付工程进度款。

（11）组织定期和不定期的现场会议，及时分析、通报工程施工进度状况，并协调施工单位之间的生产活动。

三、事后进度控制

事后进度控制是指完成整个施工任务后进行的进度控制工作，具体内容有：

（1）及时组织验收工作。

（2）处理工程索赔。

第四节 施工进度计划的编制

一、施工进度计划编制的依据和原则

根据招标文件的预期工期及施工特性，结合公司的施工能力、设备、人员等资源储备情况，对工程的施工总体规划，拟定施工进度计划编制依据和原则如下：

（1）严格按照招标文件规定的工期，科学合理地安排施工程序及进度，确保业主规定的预期工期目标，并有所提前。

（2）紧紧围绕施工关键线路组织施工，综合分析各种施工条件，实现工程整体协调推进，同时尽可能创造条件，组织多工作面、多工序平行交叉作业，安排施工尽可能做到工日服从工序，时间服从工期，以缩短总工期，加快实现施工进度目标。

（3）充分评估考虑工程当地自然环境工程质量、物资设备条件等因素对工程进度的影响，强调安全生产、重视文明施工，确保万无一失。

（4）发挥公司所有的技术及装备优势，并根据施工需要引进精良设备和技术人员，以进一步强化施工装备和技术力量，提高施工生产效率，加快工程施工进度。

（5）用适中的施工强度指标和可作业时间安排施工进度，为与各相关环节的协调和不可预见因素留有充分的工期回旋余地，并在施工中注意均衡生产。

二、施工进度计划编制的基本程序

（1）收集编制依据资料。

（2）确定进度控制目标。

（3）计算工程量。

（4）确定各单项、单位工程的施工期限和开工、竣工日期。

（5）确定施工流程。

（6）编制施工进度计划。

（7）编写施工进度计划说明书。

三、编制方法

1. 横道图

横道图是按时间坐标绘出的，横向线条表示工程各工序的施工起止时间先后顺序，整个计划由一系列横道线组成。它的优点是易于编制、简单明了、直观易懂、便于检查和计算资源，特别适合现场施工管理。横道图的绘制方式如表5-1所示。

但横道图作为一种计划管理的工具，也存在不足之处。首先，横道图反映工作与总工期之间的关系，无法看出各工作之间的可调节性，即机动时间；其次，横道图不易看出工作与工作之间的相互依赖、相互制约的关系；最后，横道图不能在执行情况偏离原定计划时，迅速而简单地进行调整和控制，更无法实行多方案的优选。

2. 网络计划技术

与横道图相反，网络计划技术能明确地反映工程各组成工序之间的相互制约和依赖关系，可以用它进行时间分析，确定哪些工序是影响工期的关键工序，以便施工管理人员集中精力抓施工中的主要矛盾，减少盲目性。其次，网络计划技术是一个定义明确的数学模型，可以建立各种调整优化方法，并可利用电子计算机进行分析计算。

因此，在实际施工过程中，应注意横道计划和网络计划的结合使用。即在应用电子计算机编制施工进度计划时，先用网络方法进行时间分析，确定关键工序，进行调整优化，然后输出相应的横道计划用于指导现场施工。

四、编制注意事项

1. 明确物资的供应方式

一般情况，按供货渠道可分为：国家计划分配供应和市场自行采购供应；按供应单位可分为：建设单位采购供应、专门物资采购部门供应、施工单位自行采购或共同协作分头采购供应。通常，监理工程师可协助建设单位编制负责供应的物资计划，对施工单位和专门物资采购供应部门提交的计划进行审核。

2. 物资需求计划

总包的物资部分应依据图纸、预算定额、工程合同、项目总进度计划和各分包工程提交的材料需求计划，编制物资需求计划并确定需求量。对涉及的装饰材料、设备等需求的品种、型号、规格、数量和时间给予确认，排入计划。

根据工程情况，可制订一次性需求计划和各计划期需求计划。对规模较小，工期短的项目，一次性需求计划即可反映整个工程项目及各分部、分项工程材料的需用量，也称工程项目材料分析。规模较大、工期较长的工程应有各计划期的需求计划。还应注意专用特殊材料和制品的落实，其规格、材质、特殊要求等。据此需求计划制订以后相关的供应、储备、申请与订货、采购与加工、国外进口等计划。

3. 物资储备计划

装饰工程材料供应的数量大，品种多，有的材料技术条件要求高，或怕水、怕热、易风化、变质，在储运上有特殊要求。或属易燃品、有放射性污染（某些石材、涂料、油漆等），或构件、设备体积和重量大，造成运输困难增加运输和仓储费用。因此，储备计划要有针对性，要备好库房、场地来储存物资，做好安全防范准备工作，如防火、防水、防潮、防腐、防盗等措施，要求供货商做到如下两点：

（1）按计划规定的时间供应各种物资。供应时间过早、数量过大就会增大占用仓库和施工场地的面积，过晚或过少则会造成停工待料，影响施工进度计划实施。

（2）按照规定的地点供应物资。对于大中型装饰项目，由于单项工程多，施工场地范围大，如果卸货地点不适当，则会造成二次搬运，增加工程费用。其次，装饰工程材料品种多、消耗快，仓库和卸货地点需恰当。

第五节　施工进度计划实施中的检查与调整

一、施工进度计划的检查

在施工进度计划的实施过程中，由于各种因素的影响，常常会打乱原始计划的安排而出现进度偏差。因此，监理工程师必须对施工进度计划的执行情况进行动态检查，并分析进度偏差产生的原因，为进度计划调整提供有效信息。

1. 施工进度的检查方式

在建设工程施工过程中，监理工程师可以通过以下方式获得其实际进展情况：

（1）定期、经常收集由承包单位提交的有关进度报表资料。工程施工进度报表资料不仅是监理工程师实施进度控制的依据，也是其核对工程进度款的依据。在一般情况下，进度报表格式由监理单位提供给施工承包单位，施工承包单位按时填写完后提交给监理工程师核查。报表的内容根据施工对象及承包方式的不同而有所区别，但一般应包括工作的开始时间、完成时间、持续时间、逻辑关系、实物工程量和工作量，以及工作时差的利用情况等。承包单位若能准确地填报进度报表，监理工程师就能从中了解到建设工程的实际进展情况。

（2）由驻地监理人员现场跟踪检查建设工程的实际进展情况。为了避免施工承包单位超报已完工程量，驻地监理人员有必要进行现场实地检查和监督。至于每隔多长时间检查一次，应视建设工程的类型、规模、监理范围及施工现场的条件等多方面的因素而定。可以每月或每半月检查一次，也可每旬或每周检查一次。如果在某一施工阶段出现不利情况时，甚至需要每天检查。

除上述两种方式外，由监理工程师定期组织现场施工负责人召开现场会议，也是获得建设工程实际进展情况的重要方式。监理企业可组织不同层次的协调会，定期、不定期地召开。除定期由业主代表、施工方项目部主要负责人及监理部全体人员参加的监理例会。

其中，如果有较难解决的进度问题，可召开业主方部分领导、施工方项目部领导、总监及监理公司部分领导、设计负责人之间的高层次协调会。对重大问题，如阶段性的成品保护、工作面的交接，资金到位及拨付、图纸深度、场地与公用设施利用的矛盾等，甚至扰民和民扰、断水断电资源保障不力等问题，均可通过会议协调解决。监理工程师可以从中了解到施工过程中的潜在问题，以便及时采取相应的措施加以预防。

2. 施工进度的检查方法

施工进度检查的主要方法是对比法。将经过整理的实际进度数据与计划进度数据进行比较，从中发现是否出现进度偏差以及进度偏差的大小。通过检查分析，如果进度偏差比较小，应在分析其产生原因的基础上采取有效措施，解决矛盾，排除障碍，继续执行原进度计划。如果经过努力，确实不能按原计划实现时，再考虑对原计划进行必要的调整。即适当延长工期，或改变施工速度。计划的调整一般是不可避免的，但应慎重，尽量减少变更计划性的调整。

二、施工进度计划的调整

施工进度计划的调整方法主要有两种：一是通过压缩关键工作的持续时间缩短工期；二是通过组织搭接作业或平行作业缩短工期。在实际工作中应根据具体情况选用上述方法进行进度计划的调整。在压缩关键工作的持续时间时，通常需要采取一定的措施来达到目的。具体措施如下：

1. 组织措施
（1）增加工作面，组织更多的施工队伍。
（2）增加每天的施工时间。
（3）增加劳动力和施工机械的数量。

2. 技术措施
（1）改进施工工艺和施工技术，缩短工艺技术间歇时间。

（2）采用更先进的施工机械。
（3）采用更先进的施工方法，以减少施工过程的数量。

3. 经济措施
（1）实行包干奖励。
（2）提高奖金数额。
（3）对所采取的技术措施给予相应的经济补偿。

4. 合同措施
根据合同条款规定，如果合同中规定了有关工期与进度的条款，可根据调整的范围与方式，与施工单位、建设单位协调一致。

5. 其他配套措施
（1）改善外部配合条件。
（2）改善劳动条件。
（3）实施强有力的调度等。

一般情况下，无论采取以上哪种措施，都会涉及费用增加的问题。因此，在调整施工进度计划时，应利用费用优化的原理，选择费用增加量最小的关键工作，作为压缩对象。

R 补充要点

进度控制的方法

1. 行政方法。行政方法控制进度是指施工单位各级领导，利用其行政地位和权力，通过发布指令，对进度进行指导、协调、考核；利用激励手段（奖、罚、表扬、批评），监督、督促等方式控制进度。此方法直接、迅速、有效，但要提倡科学性，防止主观、武断。在实施中，应由项目经理部主动进行，上级的工作重点应当是进度控制目标的决策和指导，尽量减少行政干预。

2. 经济方法。经济方法控制进度是指有关部门和单位用经济类手段对进度进行影响和制约。第一，建设银行通过投资的投放速度控制工程项目的实施进度；第二，建设单位通过招标的进度优惠条件鼓励施工单位加快进度；第三，建设单位通过合同约定工期提前奖励和延期罚款实施进度控制；第四，通过物资的供应进行控制等。

3. 管理技术方法。管理技术方法主要是监理工程师的规划、控制和协调。规划就是确定项目的总进度目标和分进度目标；控制是在项目进展的全过程中，进行计划进度与实际进度的比较，发现偏离，及时采取措施进行纠正；协调参加单位之间的进度关系，使之满足总进度目标。

第六节　实际进度监测与调整

进度计划在实施过程中，会受到众多因素的影响，造成实际进度与计划进度的偏差，监理工程师必须清醒地认识到，进度计划不变是相对的，而变化是绝对的，平衡是相对的，不平衡是绝对的，要针对变化采取对策。即在实施过程中不断采取措施，纠正偏差，调整进度。

一、进度监测

1. 定期检查、汇报监测成效

跟踪检查监理工程师常驻的施工现场，以实地检查的方式随时收集数据信息，了解实际施工进度，定期召开现场会议，了解施工情况协调进度。通过定期的报表汇总监测成果，时间的间隔视具体情况而定，可按每季度、月度、周来划分。

2. 建立项目监督监测系统（图5-3）

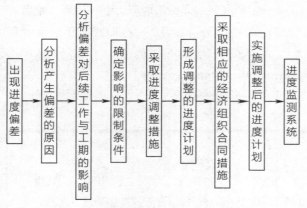

图5-3　项目进度监测系统示意图

3. 整理分析实际数据与计划值比较

对跟踪收集到的数据进行整理、统计和分析，将其与计划进度相比较。一般按月整理出月完成量，累计完成量，本期完成计划的百分比等。监测数据与计划值比较，可用图形或表格对比，可一目了然看到偏差存在与否，以及偏差的走向。

在实际工作中多采用横道图（匀速进展横道图，双比例单侧横道图，双比例外双侧横道图）比较法，通过实际完成量与计划完成量之间的对比，让施工进度更加直观。还可以采用其他笔记法作比较，这里仅以横道图方法为例。横道图比较法是指将实际进度中收集的信息，经整理后直接用横道线并列标于原计划的横道线处，进行直观比较的方法。

以某一施工工期为22天计算，砌墙工程为8天，抹灰工程为6天，安装门窗为4天，刷涂料为4天。然而，在实际施工中，由于砌墙工程未能如期完工，拖延了两天时间，从表5-2中所示的施工进度中可以看出偏差。对于这些情况，均要分析各种滞后、拖期产生的原因，并采取纠正措施。

表5-2　　　　　　　　　　　　　　施工实际进度安排

施工程序	施工进度安排
	1 2 3 4 5 6 7 8 9 10 11 12 13 14 15 16 17 18 19 20 21 22
砌墙	
抹灰工程	
安装门窗	
刷涂料	

二、进度调整

1. 项目进度调整系统（图5-4）

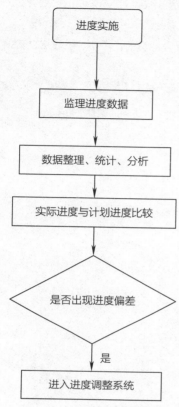

图 5-4　项目进度调整系统示意图

2. 分析产生偏差的原因

分析产生偏差的原因是监理工程的首要职责，通过深入施工现场，掌握第一手材料，分析产生偏差的原因。

3. 分析偏差对总施工进度的影响

分析偏差对后续工作及总工期的影响，这一举措决定了是否需要调整原计划。

4. 确定需要调整的内容

在分析了偏差对后续工作及总工期的影响后，应根据合同条件确定进度可调整的范围、关键工作、后续工作的限制条件，总工期允许的变化范围。这是监理工程师需要认真考虑的问题，因为调整意味着后期可能产生索赔费用，当施工单位提出索赔时，监理工程师可做到合理批复。

5. 采取调整措施

调整措施的关键是缩短关键工作的持续时间的方法，可以利用网络图求得关键工作、总时差、自由时差等参数，进行调整。若偏差原因为工期滞后，且有关工作之间的逻辑关系（顺序衔接关系）可以改变，则可以调整，原为依次进行的工作可改为平行或相互搭接一段时间，可用于关键线路上或超过计划工期的非关键线路上。

其次，在满足限定条件下，对某些工作可通过加大资源投入（机械设备、劳动力）或增大工作面的措施加快速度，缩短持续时间，以达到纠正偏差调整进度的目的。监理工程师应协调有关单位督促施工单位，落实调整后的计划，以完成进度目标。

Ⓢ 本章小结

建筑装饰工程进度是监理工作的重要内容，一旦某一分项工程进度延误，监理工程师需要从其他的分项工程中找补进度，才能保证装饰工程项目如期竣工验收。本章节从施工阶段进度控制的角度出发，对施工进度的控制方式、控制目标、检查与调整方面进行编写，以表格、思维导图等形式，较为直观地展现出来，易于读者理解。

P 课后练习

1. 请简要阐述装饰工程进度系统的计划分类。

2. 请说明施工阶段进度控制的范围。

3. 进度检测的方法除了横道图之外，再举例3种方法。

4. 如何确定施工进度控制的目标？

5. 实际进度与计划进度的对比方法有哪些？

6. 实际进度检测与调整的过程中，需注意哪些问题？

7. 根据项目进度调整与项目进度监测系统示意图，分析其潜在联系。

8. 施工进度计划编制的主要依据是什么？应当遵循什么规则？

9. 请简要分析事前、事中、事后进度控制的重点与方向。

10. 请以某一装饰工程为例，编制其施工进度计划横道图。

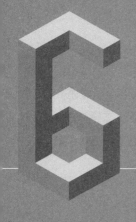

第六章

建筑装饰工程投资控制

PPT 课件

» 学习难度：★★☆☆☆

» 重点概念：造价基础、控制原理、偏差、费用、编制依据、投资

» 章节导读：投资是一种为实现预期收益而垫付资金的经济行为，项目决策是重要环节，投资者首先追求的是决策的正确性。其次是投资数额的大小、功能和价格（成本）比，是投资决策的重要依据。在项目实施中完善项目功能，提高工程质量，降低投资费用，是否能够按期或提前交付使用，也是投资者始终关注的问题。因此，降低工程造价是投资者一心的追求。作为承包方来说，其关注点在于工程利润，投资者的低投资与承包方的高质量从来都不是对等的，降低投资费用必然会导致工程质量降低，投资者与承包者之间的矛盾正是市场的竞争机制与利益风险机制的必然反映。公正地处理这对矛盾，正是监理工程师投资控制的工作。

第一节 建筑装饰工程投资控制概述

一、工程项目投资的基本概念

1. 静态投资与动态投资

（1）静态投资。以某一基准年、月的建设要素的价格为依据所计算出的建设项目投资的瞬时值。包括：建筑安装工程费，设备和工、器具购置费，工程建设其他费用，基本预备费，含因工程量变更而引起的工程造价的增减。

（2）动态投资。指为完成一个工程项目的建设，预计投资需要量的总和。除静态投资所含内容之外，还包括建设期下列支出（图6-1）。动态投资适应了市场价格运动机制的要求，使投资的计划、估算、控制更加符合实际，符合经济运行规律。

静态投资和动态投资的内容虽然有所区别，但二者有密切联系。动态投资包含静态投资，静态投资是动态投资最主要的组成部分，也是动态投资的计算基础。并且这两个概念的产生都和工程造价的计算直接相关。

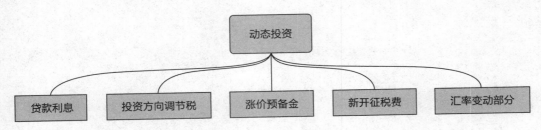

图 6-1 动态投资支出

2. 建设项目总投资

建设项目总投资是投资主体为获取预期收益，在选定的建设项目上，投入全部资金的经济行业。建设项目总造价是项目总投资中的固定资产投资总额，现称为建设投资。建设项目按用途可分为生产性项目和非生产性项目。生产性项目总投资包括建设投资（即工程造价，通称为固定资产投资）和流动资产投资两部分。非生产性项目总投资只有前者一项。项目总投资除了包含工程造价外，还包含工程流动资金，价格形成包含建设期，还要考虑投产后的运行维护期。

3. 固定资产投资

在我国，建设投资（固定资产投资）包括基本建设投资、更新改造投资、房地产开发投资、其他固定资产投资四个方面。其中基本建设投资是用于新建、改建、扩建和重建项目的资金投入行为，是形成固定资产的主要手段，占全社会固定资产投资总额的50%~60%。

其次，房地产开发投资是房地产企业开发厂房、宾馆、写字楼、仓库和住宅等房屋设施和开发土地的资金投入行为，目前在固定资产投资中已占20%左右。这两部分投资中，装饰装修工程的资金投入又占了很大比重，尤其是近年来发展的高档装饰趋势，使投资额大幅度增长。因此，对于大宗资金的投入与后期回报，监理工程师在控制投资中的责任十分重大。

4. 建筑安装工程造价

建筑安装工程造价，又称为建筑安装产品的价格，它是建筑安装产品价值的货币表现，是十分典型的生产领域价格。在建筑市场，建筑安装企业所生产的产品作为商品，具有使用价值与产品价值。但由于这种商品所具有的技术经济特点，使它的交易方式、计价方法、价格的构成因素，以至付款方式都存在许多特点。

Ⓡ 补充要点

工程造价的职能

1. 评价职能。工程造价是评价总投资和分项投资合理性和投资效益的主要依据之一。在评价土地价格、建筑安装产品和设备价格的合理性时，就必须利用工程造价资料，在评价建设项目偿贷能力、获利能力和宏观效益时，也可依据工程造价。工程造价也是评价建筑安装企业管理水平和经营成果的重要依据。

2. 调控职能。国家对建设规模、结构进行宏观调控是在任何条件下都不可或缺的，对政府投资项目进行直接调控和管理也是必需的。这些都要用工程造价为经济杠杆，对工程建设中的物资消耗水平、建设规模、投资方向等进行调控和管理。

3. 预测职能。无论投资者还是建筑商都要对拟建工程进行预先测算。投资者预先测算工程造价不仅可以作为项目决策依据，也是筹集资金、控制造价的依据。承包商对工程造价的预算，既为投标决策提供依据，也为投标报价和成本管理提供依据。

4. 控制职能。工程造价的控制职能表现在两个方面：一方面，是它对投资的控制，即在投资的各个阶段，根据对造价的多次性预算和评估，对造价进行全过程、多层次的控制；另一方面，是对以承包商为代表的商品和劳务供应企业的成本控制。

二、我国现行工程建设项目投资构成

投资构成含固定资产投资和流动资产投资两部分。工程造价即固定资产投资，具体构成如图6-2所示。

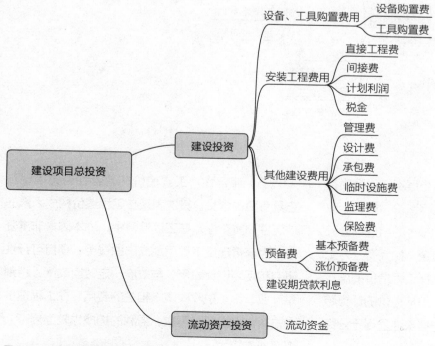

图6-2　我国现行投资与工程造价构成

1．工程造价的特点

（1）大额性。任何一项工程，不仅实物形体庞大，而且造价高昂。动辄数百万元、数千万元的资金投入，重大的工程项目造价可达数亿、十数亿元资金，大额性不仅关系到有关各方面的重大经济利益，还会对国民经济产生重大影响。这就决定了工程造价的特殊地位，也显示了造价管理的重要意义。

（2）动态性。任一项工程从决策到竣工交付使用的这一过程中，具有较长的建设时间，其中，影响工程造型的动态因素众多，如工程变更、设备材料价格、工资标准、费率、利率、汇率的变化等，这种变化必然会影响工程造价的变动。由于工程造价在整个建设期中处于不确定的状态，工程实际造价要在竣工决算后，才能最终确定工程的实际造价。

（3）差异性。任何一项工程都有特定的用途、功能、规模，其结构、造型、空间分割、设备配置和内外装饰装修都有具体的要求，所以工程内容与实物形态都具有个别性、差异性。这就决定了工程造价的个别性、差异性。每个项目所处地区、地段都不相同，使这一特点更为突出。

（4）层次性。造价的层次性取决于工程的层次性。一个工程项目往往含有单位工程、单项工程、分部工程、分项工程等，单位工程（车间、写字楼、住宅楼等）能够独立发挥设计效能，一个单位工程由多个单项工程组成，如土建工程、电气安装工程等。以某在建大学为例，其项目工程示意如图6-3所示：

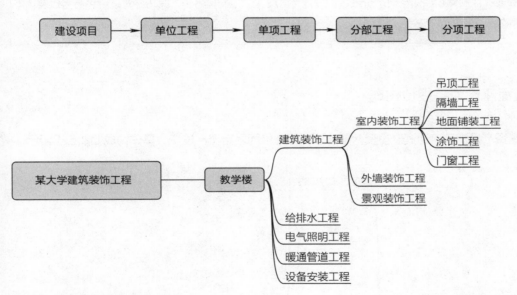

图6-3　建设项目分解示意图

与此相适应，工程造价有三个层次：建设项目总造价、单项工程造价和单位工程造价。如果专业分工更细，单位工程（如土建工程）的组成部分分部、分项工程也可以成为交换对象，如大型土方工程、基础工程、装饰工程等，这样工程造价的层次就增加了分部工程和分项工程。即从造价的计算和工程管理的角度看，工程造价的层次性显得十分突出，具体的层次性如图6-3所示。

（5）兼容性。工程造价的兼容性首先表现在它具有两种含义。其次表现在工程造价构成因素的广泛性和复杂性。在工程造价中，成本因素非常复杂，为获得建设工程用地支出的费用、项目可行性研究和规划设计费用、与政府一定时期政策（特别是产业政策和税收政策）相关的费用，在工程造价中占有比例份额。再次，盈利的构成也较为复杂，资金成本较大。

2. 工程造价的计价特征

（1）单件性。工程造价的个体差别性，决定每项工程都必须单独计算造价。

（2）多次性。建设工程周期长、规模大、造价高，因此按建设程序要分阶段进行，也要在不同阶段多次性计价，以保证工程造价确定与控制的科学性。多次性计价是个由浅入深、由概略到精确，逐步细化到实际造价的过程，如图6-4所示。

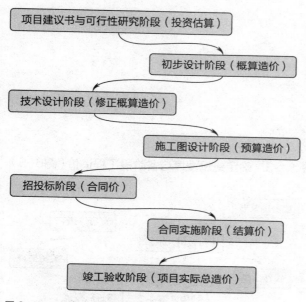

图6-4　工程多次性计价示意图

①投资估算。项目建议书和可行性研究阶段对拟建项目所需投资的金额，通过编制估算文件确定的投资额，或称估算造价。投资估算是决策、筹集资金和控制造价的主要依据，也是投资者对建设项目的总体认知，对项目决策具有重要作用。列入国家长期计划（五年计划）之内。

②设计概算造价。在初步设计阶段，根据设计单位给出的设计方案，通过编制工程概算文件确定的工程造价。概算造价与投资估算相比较，其准确性有所提高，但受投资估算的控制。概算造价的层次性十分明显，分为建设项目概算总价、各个单位工程概算综合造价、各单项（专业）工程概算造价。

③修正概算造价。在技术设计阶段，根据业主的建设要求，通过编制修正概算文件确定的工程造价。它是对设计概算造价进行修正调整，修正之后的造价更准确，但受设计造价概算造价的控制。列入国家预备项目计划内。

④预算造价。在施工图设计阶段，根据施工图纸，通过编制预算文件确定的工程造价。它比设计概算造价更为详尽和准确，但受其控制，列入国家年度投资计划内。

⑤合同价。工程招投标阶段通过签订总承包合同、建筑安装工程承包合同、设备材料采购合同、技术和咨询服务合同，从而确定的价格。它属于市场价格的性质，是由承发包双方，即商品和劳务买卖双方在一定的监督体制下，双方共同认可的成交价格。值得注意的是，合同价并不等同于实际工程造价，还是要以最终的实际造价为准。建设工程合同有许多类型，不同类型的合同价内涵也有所不同。

⑥结算价。在合同实施阶段，在工程结算时按合同调价范围和调价方法，对实际发生的工程量的增减、设备和材料价差等，进行调整后计算和确定的价格。结算价是工程的实际价格，有不同阶段的和竣工验收的结算价。

⑦实际造价。竣工决算阶段，通过为建设项目编制竣工决算，最终确定的实际项目总投资造价，也是该建设项目的最终造价。

（3）组合性。工程造价的计算是逐步组合而成的。这一特征是由造价的层次性决定的。从计价和工程管理的角度，其计算过程和计算顺序是：分项、分部工程单价—单项（专业）工程造价—单位工程造价—建设项目总造价。

（4）多样性。多样性计价有各不相同的计价依据与不同精确度要求，计价方法有多种，如计算和确定概、预算造价有单价法和实物法，不同计价方法都有自己的优劣关系，因此，在选择计价方式时要注意选择。

（5）依据性。由于影响造价的因素多、种类多、计价步骤复杂。因此，要求计价过程必须细致严谨，任何数据及组价过程必有依据。

R 补充要点

合同价与结算价的区别

合同价是按有关规定和协议条款约定的各种取费标准计算、用以支付承包人按照合同要求完成工程内容时的价款。是建设单位与施工单位在施工合同中约定的价款或价款计算方法。这只是根据合同双方在订立合同时预想的状况所达成的意思表示。

工程结算价款指工程竣工后，施工企业向建设单位结算工程价款的实际价格。建设单位与施工单位根据合同价款的约定，对合同实际履行情况的工程款进行结算确定的价款。结算价款是建设单位向施工单位支付工程款的最终依据。

第二节　建筑装饰工程造价基础

一、工程造价的概念

1. 建设项目的建设成本

工程造价是指完成一个建设项目所需费用的总和。即对建设项目的全部资金投入，包括建筑工程费、安装工程费、设备费以及其他相关费用（如建设期贷款利息、建设单位本身对项目的管理费）。建设成本，是针对投资主体和项目法人而言的。

2. 发包工程的承包价格

建设单位将拟建工程发包给施工方时的发包合同价格就是这种含义的工程造价。工程造价的大小与发包的工程内容密切相关。有的建设单位只就建筑工程进行发包，有的发包装饰工程，有的发包安装工程，也有的是将全部建筑安装工程内容一起发包给一家施工方，即"交钥匙"工程。

一般的施工图预算、投标报价、标底价、合同价、结算价等，都是指单位工程的承包价格。"承包价格"，主要是针对承发包双方而言的。不是全方位的工程造价，即使是"交钥匙"工程也不包括建设期贷款利息、建设单位本身对项目的管理费等。因此，承包价格总是小于建设成本的。

3. 确定建设程序与各阶段工程造价（图6-5）

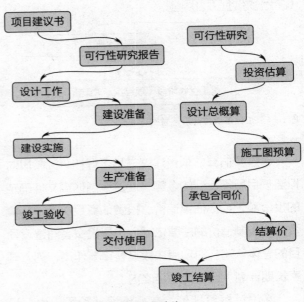

图 6-5　建设程序与各阶段工程造价

二、工程造价的基本前提

建筑装饰工程是一个结构复杂、体系庞大的工程，因此，在定价上难以统一定价水平。若要实现针对不同建筑装饰工程进行价格水平一致的统一定价，就要将建筑装饰工程进行合理分解，一直分解到构成完整建筑装饰工程的共同要素——分项工程为止，这是确定建筑装饰工程造价的首要前提。

将建筑装饰工程层层分解后，采用一定的方法，编制出确定单位分项工程的人工、材料、机械台班的消耗量标准——预算定额。制定单位分项工程消耗量标准——预算定额，这也是确定建筑装饰工程造价的基本前提。

三、工程造价的编制依据

（1）计价表。

（2）计价规范。

（3）费用定额。

（4）计价文件。

（5）其他工具书。

（6）图纸。

（7）施工组织设计。

（8）设计变更。

（9）现场签证、索赔。

（10）材料价格信息。

四、建筑装饰工程造价的特性

建筑装饰工程没有固定模式，但具有装饰形式多样，工艺复杂，材料品种多，新工艺、新材料使用率高，价格差异大等特性。主要表现在以下三个方面。

1. 单件性

每个建筑物的装饰工程在形式、工艺、材料、数量上都不相同，因此，必须对每个建筑装饰工程造价进行分别计算，每个建筑装饰工程各不相同的特点，即单件性。

2. 新颖性

建筑装饰的生命力就在于不重复、不复刻，具

有新意。建筑装饰通过采取不同的风格、色彩进行造型，运用不同文化背景和文化特色进行构图，采用新材料、新工艺进行装饰，使人产生耳目一新的感觉，起到为建筑装饰的目的。

3. 固定性

建筑装饰工程必须附着于建筑物主体结构上，而建筑主体不可随意移动，必须固定在某一地点上。因此，建筑装饰工程必然会受到所处地点的气候、资源等条件的影响与约束。其次，由于建筑所处的位置不同，即使装饰内容完全一样，在价格上还是会存在一定的差异，因此，我们将这种特征称为建筑装饰工程的固定性。

五、建筑装饰工程造价的作用

工程造价管理的目的就是要合理确定和有效控制工程造价，以不断提高建设投资的经济效益。在推行工程量清单计价以后，装饰工程已经从原有建筑工程定额计价中独立出来，因此，对于占总投资相当大比重的装饰工程造价的控制尤为重要。要制定一套切实可行的管理办法，必须先了解装饰工程本身的特点。

1. 具有装饰性的作用

建筑装饰工程能够丰富建筑设计效果和体现建筑艺术的表现力，美化建筑物，给人们符合时代发展的潮流建筑视觉效果。

2. 保护建筑主体结构

建筑装饰工程能够有效保护建筑主体的外观，使建筑物主体不受风雨和有害气体的侵害。

3. 保证建筑物的使用功能

建筑装饰工程能够满足建筑物的使用功能，例如在灯光、卫生、保温、隔音等方面的要求而进行的各种布置，以改善居住和生活条件。

4. 强化建筑物的空间序列

建筑装饰工程对公共娱乐设施、商场、写字楼等建筑物的内部合理地进行布局和分隔，以满足在使用过程中的各种要求。

5. 强化建筑物的意境和气氛

建筑装饰工程是对室内外的环境进行再创造，从而达到满足人们精神需求的目的。

第三节　建筑装饰工程主要费用构成

一、直接工程费

直接工程费指在施工过程中直接消耗的构成工程实体或有助于工程形成的各种费用。包括人工费、材料费和施工机械使用费（图6-6）。

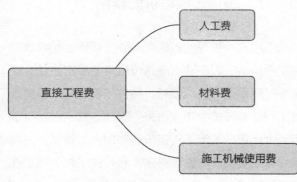

图6-6　直接工程费组成

1. 人工费

指直接从事建筑安装工程施工的生产工人开支的各项费用。

计算公式为：

人工费 = Σ（概预算定额中人工工日消耗 × 相应等级的日工资综合单价）

其中，日工资综合单价包括：

（1）生产工人基本工资及辅助工资。

（2）工资性补贴。

（3）职工福利费。

（4）劳动保护费。

2. 材料费

指施工过程中耗用的构成工程实体的原材料、辅助材料、构配件、零件、半成品的费用和周转材料的摊销（或租赁）费用。

计算公式为：

材料费 = Σ（概预算定额中材料、构配件、零件、半成品的消耗量 × 相应预算价格）＋Σ（概预算定额中周转材料的摊销量 × 相应预算价格）

式中，材料预算价格内容包括材料原价、供销部门手续费、包装费、运输费及采购与保管费。

3. 施工机械使用费

指使用施工机械作业所发生的机械使用费及机械安、拆和进出场费。

计算公式为：

施工机械使用费 = Σ（概预算定额中施工机械台班量 × 机械台班综合单价）＋其他机械使用费＋施工机械进出场费

式中，机械综合单价内容包括折旧费、大修理费、经常修理费、安拆费及场外运输费、燃料动力费、人工费及运输机械养路费、车船使用税及保险费。

二、其他直接费

指除直接费之外，在施工过程中直接发生的

其他费用（图6-7）。同上述费用相比具有较大弹性。就单位工程来讲，可能发生，也可能不发生，需要根据工程的具体情况和现场施工条件确定。

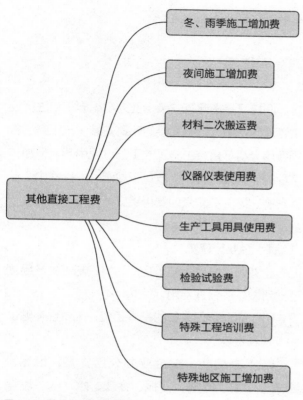

图 6-7　其他工程直接费组成

1. 冬、雨季施工增加费

在冬季、雨季施工期间，为了确保工程质量，采取保温、防雨措施所增加的材料费、人工费和设施费用，以及因工效和机械作业效率降低所增加的费用。一般按定额费率常年计取，包干使用。

2. 夜间施工增加费

夜间施工增加费是指为确保工期和工程质量，需要在夜间连续施工或在白天施工需增加照明设施（如在炉窑、烟囱、地下室等处施工）及发放夜餐补助等发生的费用。

3. 材料二次搬运费

材料二次搬运费是指因施工场地狭小等特殊情况，发生的材料二次倒运支出的费用。

4. 仪器仪表使用费

指通信、电子等设备安装工程所需安装、测试仪器、仪表的摊销及维持费用。

5. 生产工具用具使用费

生产工具用具使用费指施工、生产所需的不属于固定资产的生产工具和检验、试验用具等摊销费和维修费，以及支付给工人自备工具的补贴费。

6. 检验试验费

指对建筑材料、构件和建筑物进行一般鉴定、检查所花的费用。包括自设试验室进行试验所用的材料和化学药品等费用。

7. 特殊工程培训费

指在承担某些特殊工程、新型建筑施工任务时，根据技术规范要求对某些特殊工种的培训费。

8. 特殊地区施工增加费

特殊地区施工增加费指铁路、公路、通信、输电、长距离输送管道等工程，在原始森林、高原、沙漠等特殊地区施工增加的费用。

9. 计算方法

其他直接费是按相应的计取基数乘以费事确定，如下所示：

（1）土建工程。其他直接费＝直接费×其他直接费费率

（2）安装工程。其他直接费＝人工费×其他直接费费率

三、现场经费

指为施工准备、组织施工生产和管理所需的费用，包括临时设施费和现场管理费。

1. 临时设施费

临时设施费是指施工企业为进行建筑安装工程施工，必须搭设的生活和生产用的临时建筑物、构筑物和其他临时设施费用，维修、拆除和摊销费用。其中还包括临时宿舍、文化福利及公用事业房屋与构筑物、仓库、办公室、材料加工厂以及规定范围内道路、水、电、管线等临时设施和小型临时设施的费用。

2. 现场管理费

现场管理费是指发生在施工现场这一阶段中所产生的费用，尤其是针对工程的施工建设进行组织经营管理等支出的费用。

（1）现场管理人员的工资、工资性补贴、职工福利费、劳动保护费等。

（2）办公费。指现场管理办公用的文具、纸张、账表、印刷、邮电、书报、会议等费用，以及现场水、电和燃料等费用。

（3）差旅交通费。指现场职工因公出差期间的差旅费、探亲路费、劳动力招募费、工伤人员就医费、工地转移费，以及现场管理使用的交通工具的油料、燃料费和养路费及牌照费等。

（4）固定资产使用费。指现场管理及试验部门使用的属于固定资产的设备、仪器等的折旧费、大修理费、日常维修费或租赁费等。

（5）工具用具使用费。指现场管理使用的不属于固定资产的工具、器具、家具、交通工具及检验、试验、测绘和消防用具等的摊销费及维修费。

（6）保险费。指施工人员安全保险、车辆保险、特殊作业工种的安全保险等费用。

（7）工程保修费。指工程竣工交付使用后，在规定保修期以内的返工修理费用。

（8）工程排污费。指施工现场按规定交纳的排污费用。

（9）其他费用。

3. 计算方法

（1）土建工程。现场管理费 = 直接费 × 现场管理费费率

（2）安装工程。现场管理费 = 人工费 × 现场管理费费率

四、间接费

间接费是指建筑安装企业为组织施工和进行经营管理的费用，以及间接为建筑安装生产服务的各项费用，虽不直接由施工的工艺过程引起，但却与工程的总体条件有关。按现行规定，间接费由企业管理费、财务费和其他费用组成。

1. 企业管理费

企业管理费是指施工企业为组织施工生产经营活动所发生的管理费用。

（1）企业管理人员的基本工资、工资性补贴、职工福利费等。

（2）办公费。指企业办公用文具、纸张、账表、印刷、邮电、书报、会议、水、电、燃煤（气）等费用。

（3）差旅交通费。指企业管理人员因公出差期间的差旅费、探亲路费、劳动力招募费、离退休职工一次性路费及交通工具油料费、燃料费、牌照费和养路费等。

（4）工具用具使用费。指企业管理使用的不属于固定资产的工具、用具、家具、交通工具等的摊销费及维修费。

（5）固定资产使用费。指企业管理用的、属于固定资产的房屋、设备、仪器等折旧费和维修费等。

（6）工会经费。指企业按职工工资总额2%计提的工会经费。

（7）职工教育经费。指企业为职工学习先进技术和提高文化水平，按职工工资总额的1.5%计提的学习、培训费用。

（8）劳动保险费。指企业支付离退休职工的退休金（包括提取的离退休职工劳保统筹基金）、价格补贴、医药费、易地安家补助费、职工退休金、6个月以上的病假人员工资、职工死亡丧葬补助费、抚恤费及按规定支付给离休干部的各项经费。

（9）职工养老保险费及待业保险费。指职工退休养老金的积累及按规定标准计提的职工待业保险费。

（10）保险费。指企业管理用车辆保险及企业其他财产保险的费用。

（11）税金。指企业按规定交纳的房产税、车船使用税、土地使用税、印花税及土地使用费等。

（12）其他费用。包括技术转让费、排污费、绿化费、技术开发费、广告费、业务招待费、公证费、法律顾问费、审计费、咨询费等。

2. 财务费用

指企业为筹集资金而发生的各项费用，包括企业经营期间发生的短期贷款利息净支出、汇兑净损失、金融机构手续费，及其他财务费用。

3. 其他费用

其他费用主要包括按规定支付工程造价（定额），劳动定额管理部门的定额编制管理费、定额测定费，以及按有关部门规定支付的上级管理费。间接费是按相应的计取基数乘以费率确定，如下所示：

（1）土建工程。间接费＝直接工程费×间接费费率

（2）安装工程。间接费＝人工费×间接费费率

第四节 建筑装饰工程施工阶段投资控制

一、投资控制原理

监理工程师在施工阶段进行投资控制的基本原理即动态控制原理，是把计划投资额作为投资控制的目标值，在工程施工过程中，定期地进行投资实际值与目标值的比较，通过比较找出实际支出额与投资控制目标值之间的偏差，通过分析产生偏差的原因，采取有效措施加以控制，以此保证投资控制目标的实现。投资控制过程见图6-8。

一直以来，人们将投资的目标值与实际值进行比较，当实际值偏离目标值时，分析其产生偏差的原因。在工程项目建设全过程中，仅仅是进行这样

的项目投资控制是不够完善的，只有在收集信息、分析基础之上的"偏离—纠偏—再偏离—再纠偏"的控制方法，只能发现偏离，使已产生的偏离尽量消失，难以预防可能发生的偏离，因而只能说是被动控制。

之后，人们将深入研究的成果运用于项目管理中，将"控制"立足于事先主动采取决策措施，尽可能减少目标值与实际值之间的偏离问题，这是一种主动、积极的控制手法，脱离了被动控制项目投资的局面。

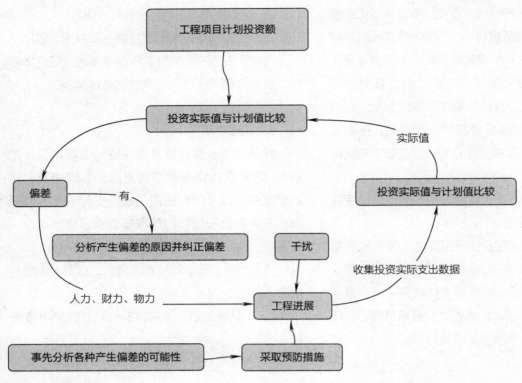

图 6-8　控制原理图

R　补充要点

控制投资的方法

1. 层层控制。工程造价控制贯穿于项目建设全过程，但其关键在于施工前的投资决策和设计阶段，而在项目做出投资决策后，关键就在于设计。建设工程全寿命费用包括工程造价和交付使用后的经常开支费用（含经营费用、日常维护修理费用、使用期内大修理和局部更新费用）以及使用期满后的报废拆除费用等。

2. 主动控制。投资控制中最主要的方法是主动控制，事前控制，从项目整体来说，要能动地影响投资决策设计、发包和施工；从施工过程中说，要事先做好各种预测，掌握市场行情，了解各种价格规律和相关政策，要熟悉图纸，避免不必要的洽商变更等。

二、偏差分析

对偏差原因进行分析，不仅要了解"发生了什么偏差"，还要知道"为什么会发生这些偏差"，需要找出引起偏差的具体原因，才能在这个基础上，采取有针对性的措施，解决投资值偏差问题。

分析投资偏差原因应综合各方面原因，但不笼统，这需要一定数量的局部偏差数据为基础，因此，积累资料和信息显得尤为重要。一般来讲，引起投资偏差的原因主要有四个方面：客观原因、业主原因、设计原因和施工原因。详细的分析如图6-9所示：

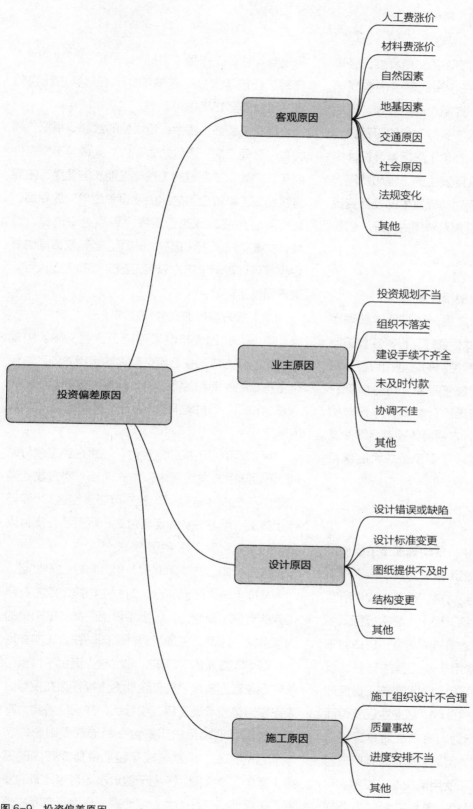

图 6-9　投资偏差原因

三、施工阶段投资控制

理论上讲，施工阶段对资金的影响程度已经较小，投资控制主要是力争在投资的额度内实现项目。按概算对造价实行静态控制、动态管理。概括来说，一方面是要按照承包方实际完成的工程量，以合同价为基础，同时考虑物价上涨因素及设计中难以预计的而在实施阶段实际发生的工程和费用，合理确定结算价；另一方面对实际发生的设计变更洽商引起的费用的控制，及索赔费用的处理，也是施工阶段投资控制的重点。

1. 协助业主编制资金使用计划

业主确定投资总目标之后，还必须详细确定分目标值与细目标值。因此，监理工程师需要编制出资金使用计划，作为投资控制的依据和目标。例如，单位工程中的建筑安装工程费，可分解到分部、分项工程上；也可按进度计划划分，按时间分解到年度、季度、月度，方便具体控制，即使发现偏差，也可以立即调整，不至于造成大的偏差问题。

2. 审核工程预付款

在工程承包合同条款中，要明确规定工程预付款的限额。此预付款构成施工企业为该承包工程项目进行的动员费及储备主要材料、设备、构件所需的流动资金。施工企业承包工程，一般实行包工包料，这就需要有一定数量的备料周转金，应由业主先预付。施工方应将此款用于本工程的材料、设备、构配件的采购，以满足供货周期和施工进度的要求。若业主不能按时支付此款，或业主已支付而施工方挪用，都属违约行为，将造成对本工程进度、质量目标的负面影响。因此，监理工程师应对预付款的支付数额、时间和使用情况加以控制。

（1）预付备料款的限额。限额主要由主要材料（包括外购构件）占工程造价的比重、材料储备期、施工工期这三个因素决定。一般建筑工程不应超过当年建筑工作量（包括水、电、暖）的30%；安装工程按年安装工作量的10%；材料占比重较多时可提高至15%拨付。

在建筑装饰工程中，备料款的数额要根据工程类型、合同工期、承包方式和供应渠道等不同条件而定。例如，工期短的工程比工期长的要高；主要材料由施工单位自购的比由建设单位供应的要高，其中，高档装饰或改造工程，更换进口洁具、灯具，主要材料所占比重高，因而，备料款数额也要相应提高。对于承包方只包定额工期的工程项目，则不预付备料款。

（2）双方履行的义务与违约处理：

第一，我国《建设工程施工合同文本》中规定，甲乙双方应当在专用条款内约定甲方向乙方预付工程款的时间和数额，开工后按约定的时间和比例逐次扣回。预付时间应不迟于约定的开工日期前7天。

第二，甲方不按约定预付，乙方在约定预付时间7天后向甲方发出要求预付的通知，甲方收到通知后仍不能按要求预付，乙方可在发出通知后7天停止施工，甲方应从约定应付之日起向乙方支付应付款的贷款利息，并承担违约责任。

第三，如乙方滥用此款，甲方有权立即收回。

从以上三点可以看出，对业主与施工双方在预付款的支付与使用上，国家主管部门都有了明确的约束条文，因此，监理工程师必须站在公正的立场上，督促双方履约。目前，业主缺少资金不付预付款的现象较为普遍。施工企业为生存往往在投标时表态宁愿垫资承揽工程，中标后，或因经济实力不足，或因其他项目占用资金一时流动受限影响了本项目的施工，这就造成了包括供货商在内的三角（多角）债怪圈，不利于建筑市场有序健康的发展，主管部门正在加大力度治理。作为承包商应遵守建筑市场秩序，不要违心吃力地去承揽工程，那样做会使企业十分被动，有碍发展。

3. 做好工程计量和工程款支付工作

工程计量是根据设计文件及承包合同中关于工程量计算的规定，项目监理机构对承包单位申报的已完成的合格工程量进行的核验，在此基础上批付工程进度款的申请。

工程计量是投资支出的关键环节，监理工程师必须对现场实际完成的工程会同施工单位给以计量，其先决条件是已经验收合格、验收手续齐全、资料符合验收要求。这是支付进度款的基础，尽管原来投标时有工程量清单，中标时也曾给予批准，但那只是按图纸计算的工程量，没有质量合格的含义，不能作为支付依据。监理工程师应在每项工程完结并验收后立即进行计量，作为按月定期结算支付款额的凭证。

（1）专业监理工程师应及时建立月完成工程量和工作量统计表，对实际完成量与计划完成量进行比较、分析，制定调整措施，并应在监理月报中向建设单位报告。

实际工作中必须做到计量有据，计算详细，应以合同文件、设计图纸、工程量清单（说明）及技术规范、定额及经施工、业主、设计、监理四方签认的设计变更或洽商等文件为准，不能以实际发生为准。也就是说，如果施工方未按图纸完成则不予以验收；如超图纸做了，没有变更通知单或四方签字的洽商，施工方自己承担额外支出。特别应注意，对非标准设计或特殊装饰部位，如弧形玻璃幕墙、艺术造型的饰面层等，其面积工程量必须根据图纸详细计算，要有计算过程并附草图经监理工程师审定，因为这种情况在装饰工程中多见，若计算不准，则造价偏差很大，必须一件一件控制好。

（2）审查预算定额单价的套用。这是监理工程师投资控制的基础工作之一，因预算定额高套和重复套用往往是施工方获利的一种手段，应在审查中予以纠正。

（3）合理确定定额未能涵盖的子项单价（含材料、人工）。由于装饰工程的特殊性，每个业主要求展现的个性、风格及使用的材料、工艺加工过程千变万化，装饰材料和做法的多样性，统一定额不可能全部包容进去。加之定额信息具有计划经济模式，又是几年之间通用的，时效性必打折扣，其定价不可能真实、完全地反映出市场材料价格和劳动力成本的信息。

科学技术发展的速度使新材料、新工艺的价格也难以及时反映到定额中，因此常常出现某些分项工程或工序无定额可循，或与定额差价过大的现象，这是从计划经济向商品经济过渡时期的正常表现，监理工程师应发挥专业知识，了解市场行情，掌握施工工艺过程，积极协调业主、施工方对这类问题共同磋商取得共识，或重新组价确定合理的补充定额单价，或按件评价作为计价依据，以指导施工和结算。

定额中应通过定额材料分析换算出每平方米用量后再换成平方米的单价才能进入计价程序，此工作可根据常规经验认定。若所用的乳胶漆（或涂料）为定额外产品，则应根据所确认的平方米用量来换算平方米单价，不能以施工方报价为准进行换算，更不能以发票价为计价依据。

①合理组价。对新材料、新工艺、新技术的工程项目，定额中有缺项时，应编制补充定额，现仅就组价方法做简介。

对装饰工程中造型及工艺复杂的子项工程或单独工序，可由施工企业先根据施工详图做出主材、辅材、低值易耗品的价格分析和损耗率、用工数量，然后由监理工程师做市场调查，逐项审核认定，在改造工程对定额用量难以包容的材料用量，除需现场实测外，应根据与实际情况差异的因素审定，用实测用量乘以恰当的系数即可作为实际用量，最后经业主、施工方、监理方共同磋商研究形成共识，并确认新的单价。

②按件评价。对装饰工程中的特艺造型和工艺装饰，如浮雕、石雕饰品、独立造型物及有纪念意义的各种材料的标识造型物等独立估价，由业主或委托监理公司聘请有经验的高级工艺美术师、专家以实际经济价值和市场价格评定计价。

（4）保证资金合理、有效地使用。未经监理人员质量验收合格的工程量，或不符合施工合同规定的工程量，监理人员应拒绝计量和该部分的工程款支付申请。这条规定的实质意义是监理人员不得提前或无根据的计量与支付工程款。即便工程是合格的，但未履行报验手续，或不在合同范围内且无洽商、变更，均应拒绝计量与支付，这是保证投资目标受控的措施之一。

4. 控制好设备及材料的采购、进场检验

建筑装饰装修工程（尤其是高级装饰装修）

中，设备材料费用所占比例很大，在目前正在发展的市场经济条件下，其定价无统一标准，质量与价格比直接影响工程的投资和效益，故应将设备及材料的采购作为投资控制的重点之一。监理工程师可协助业主组织对大型设备及主要材料进行招标，优选供应厂家；不进行招投标的一般材料设备也要进行询价，货比三家，协助业主认质、认价，并封样保存，详细签订购货合同，并督办有关事宜，到货后按原材料、购配件质量检验程序进行验收。

补充要点

监理工程师应做的询价和认价工作

1. 多方询价、综合选优。对定额中未能包含的材料进行询价，监理工程师必须以很强的责任心投入这项细致而烦琐的工作，因为引起材料市场价格浮动的原因很多，地区价格有差异；材料进货渠道、运输损耗以及供货商的利润幅度都会影响到材料报价差异，甚至同一产品，同一厂家，同一营销人员对不同的询价人员掌握的尺度也会不同，因此，监理工程师必须耐心负责地多方询价了解性价比、售后服务，以求为业主找到物美价廉、综合优质的供应商。当然供应商及其产品具备合格的相应资质及资料是选择的前提。

2. 合理认价、抓主放次。询价后要确认，此时更要求监理工程师具有丰富的专业知识和商业知识，也要有洽谈的艺术和协调的能力，能在各方利益矛盾时，寻找平衡点，使双方接受。如材料需求量大时，供货商降价或优惠的空间就大；反之很小，甚至没有，还可能不接这项业务。按定型的规格尺寸供应与非标准尺寸供应价格肯定不同，后者显然要贵。若采用复杂工艺，加工工序多就要增加费用等。监理工程师对这些工艺与交易的知识应做到心中有数，在认价时才能做到不轻易否定或批评施工方的报价，而是提出有理有据的适中价格，既维护了业主的权益，又调动了施工方的积极性，促使他们去与供货商洽谈争取到合理的产品价格。

3. 公开封样，妥善保管。对重要材料认质认价后要几方共同封样，注意封样后妥善保管，以求进货时作为检验依据。由谁保管都可以，负责保管的单位（部门、人）要尽职尽责，要有记录可查对。

4. 比样验货，签署资料。进货时必须以原封样品为依据，符合者可进场使用，同时有关各方签署一切资料、备案。不符合者，按合同或约定处理，不得使用，将处理意见以书面形式记载备案，作为双方索赔的依据。

---

5. 风险分析

项目监理机构应依据施工合同有关条款、施工图，对工程项目造价目标进行风险分析，并应制定防范性对策。

专业监理工程师进行风险分析主要是找出工程造价最易突破的部分（如施工合同有关条款不明确而造成突破造价的漏洞，施工图中的问题易造成工程变更、材料和设备价格不确定等），以及最易发生费用索赔的原因和部位（如因建设单位资金、供应的材料设备不到位、施工图提供不及时，客观原因造成的停水、停电等），从而制定出防范性对策，书面报告总监理工程师，经其审核后向建设单位提交有关报告。

6. 慎重签认工程变更

关于工程变更的定义及监理工程师处理的程序大家都很熟悉，此处仅从投资控制角度阐述监理工程师应做的工作。

在建筑装饰装修施工过程中，由于各方面因素，如标准、材料、工程量、工期变化等均会导致工程发生增减、改变，即发生设计变更或洽商。每一个变更或洽商除有技术改变外，均附有经济变化，因此，监理工程师必须把它作为控制重点。这种变更带来的价款均不在合同价款内，必须认真按合同约定的有关条款及现行的政策，按程序审定。可以说，合同外的价款是控制的要点，应尽量少发生，必须发生时也应合理、经济。

虽然建设单位、设计单位、施工单位、项目监理机构各方均有权提出工程变更，但应注意的是决定权在建设单位，监理工程师主要在技术可行性方面为业主把关，做好参谋工作。

（1）项目监理机构应按照委托监理合同的约定进行工程变更的处理，不应超越所授权限，并应协助建设单位与承包单位签订工程变更的补充协议。

发生工程变更，无论是由设计单位、建设单位还是承包单位提出的，均应经过建设单位、设计单位、承包单位和监理企业的代表签认，并通过项目总监理工程师下达变更指令后，承包单位方可进行施工。同时，承包单位应按照施工合同的有关规定，编制工程变更概算书，报送项目总监理工程师审核、确认，经建设单位认可后，方可进入工程计量和工程款支付程序。

（2）总监理工程师应从造价、项目的功能要求、质量和工期等方面审查工程变更的方案，并宜在工程变更实施前与建设单位、承包单位协商确定工程变更的价款。

7. 工程索赔价款结算

处理好索赔事项是投资控制的重要环节之一。涉及工程索赔的有关施工和监理资料包括施工合同、协议、供货合同、工程变更、施工方案、施工进度计划，承包单位工、料、机动态记录（文字、照相等）、建设单位和承包单位的有关文件、会议纪要、监理工程师通知等。《建设工程监理规范》规定：专业监理工程师应及时收集、整理有关施工和监理资料，为处理费用索赔提供证据。这是造价控制的工作内容之一。此处必须强调的是，如发生索赔事项应及时处理，随每月进度款一并结算，不可拖延积累到竣工。

第五节　建筑装饰工程竣工决算

竣工决算是由建设单位编制反映建设项目实际造价与投资效果的文件，从筹划到竣工投产全过程的实际费用，包括建筑工程费用、安装工程费用、设备工器具购置费用、工程建设其他费用，以及预备费和投资方向调节税支出费用等。

一、建设项目竣工财务决算

建设项目竣工财务决算主要由竣工财务决算说明书、竣工财务决算报表两部分组成，是竣工决算的核心内容和重要组成部分。

1. 竣工财务决算说明书

竣工财务决算说明书主要反映竣工工程建设成果和经验，对竣工决算报表进行分析和补充说明的文件，是全面考核分析工程投资与造价的书面总结，主要内容包含以下几点：

（1）建设项目概况，对工程总的评价。一般从进度、质量、安全、造价、施工等方面进行分析说明。

①进度方面：主要说明开工和竣工时间，对照合理工期和要求工期，分析是提前还是延期。

②质量方面：主要根据竣工验收委员会或相当一级质量监督部门的验收评定等级、合格率和优良品率。

③安全方面：主要根据劳资和施工部门的记录，对有无设备和人身事故进行说明。

④造价方面：主要对照概算造价，说明节约还是超支，用金额和百分率进行分析说明。

（2）资金来源及运用等财务分析。主要包括工程价款结算、会计账务的处理、财产物资情况及债权债务的清偿情况。

（3）基本建设收入、投资包干结余、竣工结余资金的上交分配情况。通过对基本建设投资包干情况的分析，说明投资包干数、实际支用数和节约额、投资包干结余的有机构成和包干结余的分配情况。

（4）各项经济技术指标的分析。概算执行情况分析，根据实际投资完成额与概算进行对比分析；新增生产能力的效益分析，说明支付使用财产占总投资额的比例、占支付使用财产的比例，不增加固定资产的造价占投资总额的比例，分析有机构成和成果。

（5）工程建设的经验及项目管理和财务管理工作，以及竣工财务决算中有待解决的问题。

（6）其他事项。

2. 竣工财务决算报表

建设项目竣工财务决算报表要根据大、中型建设项目和小型建设项目分别制定。大、中型建设项目竣工决算报表包括：建设项目竣工财务决算审批表，大、中型建设项目竣工工程概况表，大、中型建设项目竣工财务决算表，大、中型建设项目交付使用资产总表；小型建设项目竣工财务决算报表包括：建设项目竣工财务决算审批表、竣工财务决算总表、建设项目交付使用资产明细表。

（1）建设项目竣工财务决算审批表（表6-1）。

（2）大、中型建设项目竣工工程概况表（表6-2）。

（3）大、中型建设项目竣工财务决算表（表6-3）。

（4）大、中型建设项目交付使用资产总表（表6-4）。

（5）建设项目交付使用资产明细表（表6-5）。

（6）小型建设项目竣工财务决算报表（表6-6）。

表 6-1　　　　　　　　　　　　建设项目竣工财务决算审批表

建设项目法人（建设单位）		建设性质	
建设项目名称		主管部门	
开户银行意见： （盖章） 年　月　日			
专员办审批意见： （盖章） 年　月　日			
主管部门或地方财政部门审批意见： （盖章） 年　月　日			

表 6-2 　　　　　　　　　　大、中型建设项目竣工工程概况表

建设项目名称			建设地址						项目	概算	实际
设计单位			施工单位						建筑安装工程		
占地面积	计划	实际	总投资/万元	设计		实际		基建支出	设备工具器具		
				固定资产	流动资产	固定资产	流动资产		待摊投资		
									其他投资		
新增生产能力	能力名称	设计		实际					待核销基建支出		
									非经营项目转出投资		
建设起止时间	设计		从　年　月开工至　年　月竣工						合计		
	实际		从　年　月开工至　年　月竣工								
设计概算审批文号									名称	单位	概算	实际
完成主要工程量	建筑面积/m²		设备（台、套、t）					主要材料消耗	钢材	t		
									木材	m²		
									水泥	t		
	设计	实际	设计		实际			主要技术经济指标				
收尾工程	工程内容		投资额		完成时间							

表 6-3 　　　　　　　　　　大、中型建设项目竣工财务决算表

资金来源	金额	资金占用	金额	补充资料
一、基建拨款		一、基本建设支出		1. 基建投资借款余额
1. 预算拨款		1. 交付使用资金		
2. 基建基金拨款		2. 在建工程		2. 应收生产单位投资借款余额
3. 进口设备拨款		3. 待核销基建支出		
4. 器材拨款		4. 非经营项目转出投资		3. 基建结余资金
5. 自筹资金拨款		二、应收生产单位转出投资借款		
6. 其他拨款		三、拨款所属投资借款		

续表

资金来源	金额	资金占用	金额	补充资料
二、项目资本公积金		四、器材		
1. 国家资金		五、货币资金		
2. 法人资金		六、预付与应收款		
3. 个人资金		七、有价证券		
三、基建借款		八、固定资产		
四、上级投资借款		1. 固定资产原值		
五、企业债券资金		2. 折旧		
六、待冲基建支出		3. 固定资产净值		
七、应付款		4. 固定资产清理		
八、未交款		5. 固定资产损失		
1. 未交税金				
2. 未交基建收入				
3. 未交基建包干结余				
4. 其他未交款				
九、上级拨入资金				
十、留成收入				
合计				

表 6-4 　　　　　　　　大、中型建设项目交付使用资产总表

单项工程项目名称	总计	固定资产					流动资产	无形资产	其他资产
		建筑工程	安装工程	设备	其他	合计			

支付单位盖章：　　年　　月　　日　　　　　　　　　　　　接收单位盖章：　　年　　月　　日

表 6-5 　　　　　　　　建设项目交付使用资产明细表

单项工程项目名称	建筑工程			设备、工具、家具、器具					流动资产		无形资产		其他资产	
	结构	面积/m²	价值/元	规格型号	单位	数量	价值/元	设备安装费/元	名称	价值/元	名称	价值/元	名称	价值/元
合计														

支付单位盖章：　　年　　月　　日　　　　　　　　　　　　接收单位盖章：　　年　　月　　日

表 6-6　　　　　　　　　　　　　　　　　　　小型建设项目竣工财务决算报表

建设项目名称			建设地址				资金来源		资金运用	
初步设计概算批准文号							项目	金额/元	一、交付使用资产	金额/元
占地面积	计划	实际	总投资/万元	计划		实际		一、基建拨款		二、待核销基建支出
				固定资产	流动资产	固定资产	流动资产	二、项目资本		三、非经营性项目转出投资
								三、项目资本公积金		四、应收生产单位投资借款
新增生产能力	能力名称	设计		实际				四、基建借款		五、拨付所属投资借款
								五、上级拨入借款		六、器材
建设起止时间	设计	从　　年　　月开工至　　年　　月竣工						六、企业债券资金		七、货币资金
	实际	从　　年　　月开工至　　年　　月竣工						七、待冲基建支出		八、预付及应收款
基建支出	项目			概算/元	实际/元			八、应付款		九、有价证券
	建筑安装工程							九、未付款		十、原有固定资产
	设备、工具、器具							十、上级拨入资金		
	待摊投资							十一、留成收入		
	其他投资									
	待核销基建支出									
	非经营性项目转出投资									
	合计							合计		合计

二、工程造价比较分析

工程造价比较分析是指对控制工程造价所采取的措施、效果及其动态的变化，对其进行认真的比较对比，总结经验教训。批准的概算是考核建设工程造价的依据。

在分析时，首先，对比整个项目的总概算；其次，将决算报表中所提供的实际数据和相关资料与批准的概预算指标进行对比，以反映出竣工项目总造价和单方造价是节约还是超支；最后，并在对比的基础上，总结先进经验，找出原因，提出改进措施。

在实际工程中，可侧重分析以下三点。但考核的内容与选择、重点内容分析，还需因地制宜，根据项目的具体情况而定。

1. 主要实物工程量

对于实物工程量出入比较大的情况，必须查明原因，进行核实。

2. 主要材料消耗量

考核主要材料消耗量，要按照竣工决算表中所列明的三大材料实际超概算的消耗量，查明在工程的哪个环节超出量最大，再进一步查明超出消耗量的原因。

3．建设单位管理费、建筑安装工程其他直接费、现场经费和间接费

建设单位管理费、建筑及安装工程措施费和间接费的取费标准要按照国家和各地的有关规定，根据竣工决算报表中所列的建设单位管理费与概预算所列的建设单位管理费数额进行比较，依据规定查明多列或少列的费用项目，确定其节约超支的数额，并查明原因。

三、工程竣工图

建设工程竣工图是真实记录各种地上地下建筑物、构筑物等精装饰品的技术文件，是工程开工、验收、维护改建和扩建的依据，是国家的重要技术档案。国家规定：各项新建、扩建、改建的基本建设工程，都要编制竣工图。一般由建设单位自行绘图，也可以委托设计或施工单位绘图（支付一定费用）。若遇后一种情况，且建设单位也委托监理部帮其审核竣工图时，监理工程师应督促施工方（含分包）尽快完成，并审核其是否符合要求，如不符合，促其改正、补充、完善，以最终满足规定。审核可分为以下三种情况：

（1）凡按设计施工图竣工没有变动的，在原施工图（必须是新蓝图）上加盖"竣工图"标志后，即作为竣工图。

（2）凡在施工过程中，只有一般性设计变更，可在原施工图上注明修改的部分，并附以设计变更通知单和施工说明，加盖"竣工图"标志后，作为竣工图。

（3）凡结构形式或装饰做法改变、施工工艺改变、平面布置改变、项目改变以及有其他重大改变，需重新绘制竣工图。

无论是新建工程还是改造工程，装饰的图纸都很难达到详尽，完善到施工中丝毫不变，因此上述第一种情况很难遇到。而在实际操作中，更多的是第二种情况，新建工程的装饰设计图纸较完善，可能在施工中对某些部位或节点的装饰做法、材质标准稍有改动。

而改造工程多数是对装饰饰面层全部拆除，改变做法，增加水暖、通风设备，对电气工程增加弱电项目改善功能。如果施工图设计在工程开工前出具完整详细，可能属于前两种情况。但多数情况是仅有设计方案，急促开工，边施工边改动边设计，属于上述的第三种情况，因此，必须重新会制竣工图，甚至可能是施工图与竣工图"合二为一"，此时监理工程师务必抓紧对施工方的督促，为确保竣工图质量，必须在施工过程中（不能在竣工后）及时做好隐蔽工程检查记录，整理好设计变更文件，对各种预埋管件、节点做法及设备安装等隐蔽部位，及时绘图备案，为最终绘制竣工图做好准备。

四、监理工程师具体操作事项

1．选定结算方式

在一般情况下，监理工程师比施工单位更早介入建筑装饰项目，因此，在与业主选定施工单位、签订施工合同时，应根据我国现有的结算的原则（恪守信用，及时付款；谁的钱进谁的账，由谁支配；银行不垫款）作为结算依据，同时结合项目特点、业主资金情况、投入计划等，选择合适的结算方式，目前计算方式有以下几种，如表6-7所示：

表6-7 结算方式分类

序号	计算方式	具体措施
1	按月结算	每月末按工程进度结算，若跨年度竣工，由年终增加办理一次结算，此方式多被采用
2	竣工后一次结算	对整体工程项目，或工期在12个月以内，或者工程承包合同价值在100万元以下的，可以实行工程价款每月月中预支，竣工后一次结算

续表

序号	计算方式	具体措施
3	分段结算	即当年开工，但不能竣工的项目，按形象进度划分不同阶段进行结算
4	目标结款方式	将合同中的工程内容分解成不同的验收单元，不同的控制界面，当承包商完成单元工程内容并经业主（或其委托人）验收后，结算工程价款
5	合同约定的其他结算方式	建筑装饰工程一般工期较短，资金较少，一年内即可竣工，故竣工后一次结算即可；若工程规模大，跨年度才能完成，可选取按月结算，年终时再结算一次，余下的工程转入下年度。工程结算为各年度结算之总和

2. 及时结算

无论采用何种方式，及时结算是监理工程师的监控内容之一。监理人员进场后，必须向施工方明确结算要及时，所有计量、洽商、变更、签认验收等，随实际发生当即办理。当月不结清，时间长了难免意见不统一，易产生分歧。因此，基础工作完成后，要及时做出工程结算单。值得注意的是，结算单不能只依靠办公室电脑上的文字信息，应当经常到施工现场了解情况，做出实际结算。

其中，每个月的工程款是各种结算的基础，主要是合同内的进度款，也包括合同内变更洽商增减账、合同外新增项目款额、索赔费等，对照中标合同价及相应条款及定额、造价信息、取费率等政策性文件，施工方必须分类计算清楚，上报监理工程师先行审核，提出意见汇总至总监理工程师，对照结算方式，全部审核后方可签署支付。

3. 及时扣回备料款

建设单位拨付给承包单位的备料款属于预付款，到了装饰工程后期，随着主材的储备开始减少，应以抵充工程价款的方式陆续扣回。扣款的方式主要有以下两种：

（1）按理论计算出起扣点、抵扣值。备料款的扣抵是从未施工的工程中，材料及构件的价值等于备料款时开始起扣，之后从每次结算的工程价款中，按材料款所占比例计算抵扣值，在项目竣工前全部扣完。建筑装饰工程一般工期较短，不会超过一年，就按年承包工程计，其开始抵扣的工程价款

值应按下式计算：

开始抵扣预付的工程款价值＝年承包总值－预付备料/主要材料费比例

主要材料费比例是事先由业主与监理、施工方协商估计并确认，当已完工程超过开始回扣备料款的工程价值时：

第一次应扣额度＝（累计完成的工程价值－开始抵扣时的工程价值）×主要材料比例

以后每次扣回额度＝每次结算的工程价值×主要材料比例。

（2）按合同约定。合同中按约定写明，当工程进度达全部工程量的60%或65%时，开始抵扣备料款，这种抵扣方式十分直观，而扣款次数与金额，则由双方事先约好，一并写入合同条款中，扣款时按章办事即可。

这比较方便、直观。至于每次扣多少，分几次扣完，均由双方事先定好写入合同，依合同条款进行结算。

而在实际扣回备料款中，扣款方式各不相同，工期较短的单项装饰工程无须分期扣，也有的工程不预付备料款就更为简单了。无论什么方式，监理工程师都应控制好扣款方式，避免承包商携款潜逃。

4. 协调好各有关方面的关系

需要注意的是，由于装饰工程施工具有不可预料性，实际产生的价款往往与合同价款不同，因此，需要按规定对合同价款进行调整。合同价款的调整依据来源于合同约定与政府相关文件，如材料

的指导价,各季度的调价系数的采用等,而合同具有约定性与原则性,当竣工结算遇到纠纷时,监理工程师应提醒业主与施工方,尽量将条款写细、写明白,有统一认识,避免届时产生麻烦,一旦出现纠纷,监理工程师应站在公正的立场上,结合市场情况和本工程情况、协调好各方面的关系,平衡好各方的经济利益。

5. 做好设备结算工作

对一些高档装饰工程,不仅材料、设备使用较多,还可能涉及一些进口产品监理工程师要注意到这一方面的设备结算费用,大多数情况下,这一类的设备有业主自行购置,业主对订购的设备、工器具、一般不预付定金,待收到货物后,按合同规定及时结算,若延期付款则应支付一定赔偿金。对制作期超过6个月以上的大型设备,可事先签订合同,分期付款,也要保留一定比例质量保证金,待设备运抵现场质量验收合格或质保期届满时再返还。

建筑装饰工程结算是一项十分复杂的工作,虽然具有良好的政策指导,但也存在一定的弊端。监理工程师必须熟悉所负责工程的实际情况,对各种造价文件、定额概算、变更洽商要细心审核,为业主负责,不随意浪费业主的资金,不给施工方送人情,一定要站在公平公正的角度,保证工程质量,让付出劳动的人有所收获。

$ 本章小结

随着建筑装饰市场的竞争日益激烈,如何在建筑工程投资中控制成本,提高装饰企业的利润,使企业具有竞争力,是目前各个建筑装饰企业的难题。因此,了解建筑装饰工程造价的构成,对建筑装饰工程投资具有重要作用。本章节中,从建筑装饰工程的投资控制、造价基础、施工阶段投资控制、竣工决算等角度出发,对建筑装饰工程投资进行的细致编写,帮助读者加深对建筑装饰工程投资与管理的理解。

P 课后练习

1. 建筑装饰工程投资控制的本质是什么?
2. 工程造价的意义是什么?
3. 建筑装饰工程造价对投资控制的作用有哪些?
4. 请简述投资控制的原理与作用。
5. 编制工程造价的依据是什么?
6. 如何理解投资控制与工程造价之间的关系?
7. 对在施工阶段投资出现偏差这一情况进行分析。
8. 请分析我国建筑装饰工程投资的构成体系,说明其中的利弊关系。
9. 建筑装饰工程的主要费用构成是什么?请绘制出费用构成框架。
10. 请参与一项建筑装饰工程设计实践,做好相关记录,并说明自己的心得体会。

第七章

建筑装饰工程合同管理

PPT 课件

» **学习难度：** ★★★★☆

» **重点概念：** 公平、双向、管理、信用、设计变更、签证、索赔

» **章节导读：** 在市场竞争日趋激烈的互联网时代，加强合同管理是争取企业经济效益的最佳途径。合同管理是当事人双方或数方确定各自权利和义务关系的协议，虽不等于法律，但依法成立的合同具有法律约束力，工程合同属于经济合同的范畴，受经济和刑法法则约束，合同管理主要是指项目管理人员根据合同进行工程项目的监督和管理。

第一节 建设工程合同概述

一、建筑工程合同的含义

1. 合同的概念

广义上的合同，指所有法律部门中确定权利、义务关系的协议。除了民法中的债权合同外，还包括物权合同、身份合同，以及行政法中的行政合同和劳动法中的劳动合同等；狭义上的合同指债权合同，即两个以上民事主体之间设立、变更、终止债权关系的协议。

建设装饰工程合同也称建设装饰工程承发包合同，是指由承包人进行工程建设、发包人支付价款的合同，通常包括建设工程勘察、设计、施工合同。

2. 合同的特征

（1）合同是双方的法律行为，即需要两个或两个以上的当事人互为意思表示（意思表示就是将能够发生民事法律效果的意思表现于外部的行为）。

（2）双方当事人意思表示须达成协议，即意思表示要一致。

（3）合同以发生、变更、终止民事法律关系为目的。

（4）合同是当事人在符合法律规范要求条件下达成的协议，故应为合法行为。

3. 合同分类（表7-1）

表 7-1　　　　　　　　　　　　　合 同 分 类

分类依据	合同类型	内容
根据当事人双方权利义务的分担方式	双务合同	指当事人双方相互享有权利、承担义务的合同，如买卖、互易、租赁、承揽、运送、保险等合同
	单务合同	指当事人一方只享有权利，另一方只承担义务的合同，如赠与、借用等合同
根据当事人取得的权利是否以偿付为代价	有偿合同	指当事人一方只享有合同权利而不偿付任何代价的合同，有些合同只能是有偿的，如买卖、互易、租赁等合同
	无偿合同	有些合同只能是无偿的，如赠与合同等；有些合同既可以是有偿的也可以是无偿的，由当事人协商确定，如委托、保管合同等
根据合同的成立是否以交付标的物为要件	诺成合同	又称不要物合同，是指当事人意思表示一致即可成立的合同
	实践合同	又称要物合同，是指除当事人意思表示一致外，还须交付标的物方能成立的合同
根据合同的成立是否需要特定的形式	要式合同	指法律要求必须具备一定的形式和手续的合同
	不要式合同	指法律不要求必须具备一定形式和手续的合同
根据订立的合同是为谁的利益	为订约当事人利益的合同	指仅订约当事人享有合同权利和直接取得利益的合同
	为第三人利益的合同	指订约的一方当事人不是为了自己，而是为第三人设定权利，使其获得利益的合同
根据合同间是否有主从关系	主合同	指不依赖其他合同而能够独立存在的合同
	从合同	指须以其他合同的存在为前提而存在的合同
根据订立合同是否有事先约定的关系	本合同	指将来应订立的合同
	预约合同	指当事人约定将来订立一定合同的合同
根据条款是否预先拟定	格式合同	又称定型化合同、标准合同，是指合同条款由当事人一方预先拟定，对方只能表示全部同意或不同意的合同，即一方当事人要么整体上接受合同条件，要么不订立合同
	非格式合同	

4. 建筑工程合同分类（表7-2）

表7-2   建筑工程合同分类

分类依据	合同类型	内容
根据承包的内容不同分类	建设工程勘察合同	是指勘察人（承包人）根据发包人的委托，完成对建设工程项目的勘察工作，由发包人支付报酬的合同
	建设工程设计合同	是指设计人（承包人）根据发包人的委托，完成对建设工程项目的设计工作，由发包人支付报酬的合同
	建设工程施工合同	是指施工人（承包人）根据发包人的委托，完成建设工程项目的施工工作，发包人接受工作成果并支付报酬的合同
根据合同联系结构不同分类	总承包合同	是指发包人将整个建设工程承包给一个总承包人而订立的建设工程合同
	分别承包合同	是指发包人将建设工程的勘察、设计、施工工作分别承包给勘察人、设计人、施工人而订立的勘察合同、设计合同、施工合同
	总包合同	是指发包人与总承包人或勘察人、设计人、施工人就整个建设工程或建设工程的勘察、设计、施工工作所订立的承包合同
	分包合同	是指总承包人或勘察人、设计人、施工人经发包人同意，将其承包的部分工作承包给第三人所订立的合同

二、合同法的基本原则

合同法的基本原则包含平等原则、诚实信用原则、公平原则、自愿原则、不得损害社会公共利益原则（图7-1）。

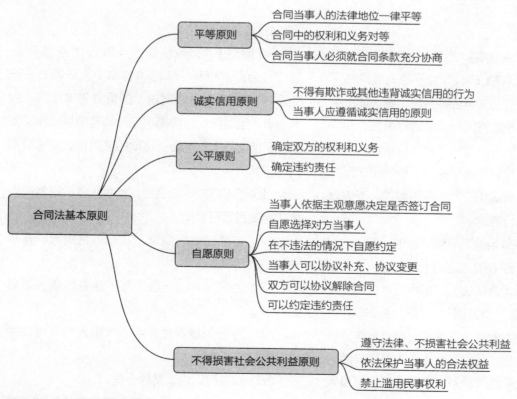

图 7-1 合同法的基本原则

1. 平等原则

《合同法》第3条规定"合同当事人的法律地位平等,一方不得将自己的意志强加给另一方。"平等原则是指地位平等的合同当事人,在权利义务对等的基础上,经充分协商达成一致,以实现互利互惠为目的的原则。这一原则包括三方面内容:

(1)合同当事人的法律地位一律平等。

(2)合同中的权利和义务对等。

(3)合同当事人必须就合同条款充分协商,取得一致,合同才能成立。

2. 诚实信用原则

《合同法》第6条规定"当事人行使权利、履行义务应当遵循诚实信用原则。"诚实信用原则要求当事人在订立、履行合同,以及合同终止后的全过程中,都要诚实,讲信用,相互协作。诚实信用原则具体包括:

(1)在订立合同时,不得有欺诈或其他违背诚实信用的行为。

(2)在履行合同义务时,当事人应遵循诚实信用的原则,根据合同的性质、目的和交易习惯,履行义务,如及时通知、协助、提供必要的条件、防止损失扩大、保密等。

(3)合同终止后,当事人应遵循诚实信用的原则,根据交易习惯履行通知、协助、保密等义务,称为后契约义务。

R 补充要点

诚实信用原则作为《合同法》基本原则的意义和作用

1. 将诚实信用原则作为指导合同当事人订立合同、履行合同的行为准则,有利于保护合同当事人的合法权益,更好地履行合同义务。

2. 合同没有约定或约定不明确而法律又没有规定的,可以根据诚实信用原则进行解释。

---

3. 公平原则

《合同法》第5条规定"当事人应当遵循公平原则确定各方的权利和义务。"公平原则要求合同双方当事人之间的权利义务公平合理,要大体上平衡,强调一方给付与对方给付之间的等值性、合同上的负担和风险分配的合理性。具体包括:

(1)在订立合同时,要根据公平原则确定双方的权利和义务,不得滥用权力,不得欺诈,不得假借订立合同恶意进行磋商。

(2)根据公平原则确定风险的合理分配。

(3)根据公平原则确定违约责任。

公平原则作为《合同法》的基本原则,其意义和作用主要体现在两个方面:一是社会公德的体现,符合商业道德的要求;二是将公平原则作为合同当事人的行为准则,可以防止当事人滥用权力,有利于保护当事人的合法权益,维护和平衡当事人之间的利益。

4. 自愿原则

《合同法》第4条规定"当事人依法享有自愿订立合同的权利,任何单位和个人不得非法干预。"自愿原则是《合同法》的重要基本原则,合同当事人通过协商,自愿决定和调整相互权利义务关系。自愿原则贯彻合同活动的全过程,自愿原则具体包括:

(1)订不订立合同自愿,当事人依自己意愿自主决定是否签订合同。

(2)与谁订合同自愿,在签订合同时,有权选择对方当事人。

(3)合同内容由当事人在不违法的情况下自愿约定。

(4)在合同履行过程中,当事人可以协议补充、协议变更有关内容。

(5)双方可以协议解除合同。

(6)可以约定违约责任,在发生争议时,当事人可以自愿选择解决争议的方式。

5. 不得损害社会公共利益原则

《合同法》第7条规定"当事人订立、履行合同，应当遵守法律、行政法规，尊重社会公德，不得扰乱社会经济秩序，损害社会公共利益。"遵守法律，尊重公德，不得扰乱社会经济秩序，损害社会公共利益，是《合同法》的重要基本原则。

一般来讲，合同的订立和履行，属于合同当事人之间的民事权利义务关系，主要涉及当事人的利益，只要当事人的意愿不与强制性规范、社会公共利益和社会公德相抵触，合同就具有法律效力，国家及法律尽可能尊重合同当事人的意思，一般不予干预，由当事人自主约定，采取自愿的原则。但是，合同绝不仅仅是当事人之间的问题，有时可能涉及社会公共利益和社会公德，涉及经济秩序，因此，合同当事人的意思应在法律允许的范围内表示，而不是想怎么样就怎么样。为了维护社会公共利益，维护正常的社会经济秩序，对于损害社会公共利益、扰乱社会经济秩序的行为，国家应予以干预。至于哪些要干预，怎么干预，都要依法进行，由法律、行政法规规定。

▌Ⓡ 补充要点

必须遵守法律的原则与自愿原则是否存在矛盾

首先，自愿原则鼓励交易，促进交易的开展，鼓励发挥当事人的主动性、积极性和创造性，以活跃市场经济；其次，必须遵守法律的原则保证了交易在遵守公共秩序和善良风俗的前提下进行，以使市场经济有一个健康、正常的道德秩序和法律秩序。

因此，遵守法律原则和自愿原则是不矛盾的，自愿是以遵守法律、不损害社会公共利益为前提；同时，只有遵守《合同法》，依法订立合同、履行合同，才能更好地体现和保护当事人在合同活动中的自愿原则。依法保护当事人的合法权益同依法禁止滥用民事权利是统一的。法律、行政法规有关合同条文的规定，有强制性的规定，有非强制性规定。对强制性规定，当事人在合同活动中是必须执行的。对非强制性规定，由当事人自愿选择。

例如，《合同法》规定"合同内容由当事人约定，合同生效后当事人对质量、价款或者报酬、履行地点等内容没有约定或者约定不明确的，由当事人协议补充。"正确认识以上两种不同的规定，有助于指导当事人在遵守法律、行政法规的前提下，自主、自愿地从事订立合同、履行合同等合同活动。

三、合同法的调整范围

《合同法》的调整范围是指我国《合同法》调整的对象范围。并非所有合同都受《合同法》调整，现行《合同法》只调整一部分合同，即狭义的合同，下列关系类型不在《合同法》调整范围内。

1. 有关身份关系的合同

如婚姻、收养、监护等有关身份关系的协议，适用其他法律的规定。

2. 政府对经济的管理活动

政府对经济的管理活动属于行政管理关系，不适用《合同法》。如贷款、租赁、买卖等民事合同关系，适用《合同法》；而财政拨款、征用、征购等，是政府行使行政管理职权，属于行政关系，适用有关行政法，不适用《合同法》。

3. 企业、单位内部的管理关系

企业、单位内部的管理关系是管理与被管理的关系，不是平等主体之间的关系，也不适用《合同法》。如加工承揽是民事关系，适用《合同法》；而工厂车间内的生产责任制，是企业的一种管理措施，不适用《合同法》。

4. 违约责任的构成要件

违约责任的构成要件包括主观要件和客观要件：

（1）主观要件。是指作为合同当事人，在履行合同中不论其主观上是否有过错，即主观上有无故意或过失，只要造成违约的事实，均应承担违约法律责任。

（2）客观要件。是指合同依法成立、生效后，合同当事人一方或双方未按照法定或约定全面地履行应尽的义务，也即出现了客观的违约事实，即应承担违约的法律责任。此外，《合同法》还有关于先期违约责任制度的规定，当事人一方明确表示或者以自己的行为表明不履行合同义务的，对方可在履行期限届满之前，请求其承担违约责任。

违约责任采取严格责任原则，即无过错责任原则，只有不可抗力方可免责。

第二节　建筑装饰工程监理招标

一、招标投标的概念

招标投标是在市场经济条件下，进行工程建设、货物买卖、财产出租、中介服务等经济活动的一种竞争形式与交易方式，是引入竞争机制订立合同（契约）的一种法律形式。它是指招标人对工程建设、货物买卖、劳务承担等交易业务，事先公布选择采购的条件和要求，招引他人承接，若干或众多投标人做出愿意参加业务承接竞争的意思表示，招标人按照规定的程序和办法，采取优胜劣汰中标人的活动。

1. 建设工程招标

建设工程招标是指招标人在发包建设项目之前，公开招标或邀请投标人，根据招标人的意图和要求提出报价，择日当场开标，以便从中择优选定中标人的一种经济活动。从法律意义上讲，建设工程招标一般是建设单位（或业主）就拟建的工程发布通告，用法定方式吸引建设项目的承包单位参加竞争，通过法定程序从中选择条件优越者，来完成工程建设任务的法律行为。

2. 建设工程投标

建设工程投标是工程招标的对称概念，指具有合法资格和能力的投标人根据招标条件，经过初步研究和估算，在指定期限内填写标书，提出报价，并等候开标，决定能否中标的经济活动。从法律意义上讲，建设工程投标一般是经过特定审查，获得投标资格的建设项目承包单位，按照招标文件的要求，在规定的时间内向招标单位填报投标书，并争取中标的法律行为。

二、招标投标的性质

我国法学界一般认为，建设工程招标是要约邀请，而投标是要约，中标通知书是承诺。我国《合同法》也明确规定：招标实际上是邀请投标人对其提出要约（即报价），属于要约邀请；投标则是一种要约，它符合要约的所有条件，如具有缔结合同的主观目的，一旦中标，投标人将受投标书的约束；投标书的内容具有足以使合同成立的主要条件等；招标人向中标的投标人发出的中标通知书，则是招标人同意接受中标的投标人的投标条件，即同意接受该投标人的要约的意思表示，应属于承诺。

1. 招标行为的法律性质是要约邀请

依据合同订立的一般原理，招标人发布招标通告或投标邀请书，其直接目的在于邀请投标人投标，投标人投标后不强制要求订立合同，因此，招标行为仅仅是要约邀请，一般没有法律约束力。

2. 投标行为的法律性质是要约行为

投标文件中包含将来订立合同的具体条款，只要投标人承诺（宣布中标）就可签订合同。作为要约的投标行为具有法律约束力，表现在投标是一次性的，同一投标人不能就同一投标进行重负投标；各个投标人对自己的报价负责；在投标文件发出后的投标有效期内，投标人不得随意修改投标文件的内容和撤回投标文件。

3. 中标人行为的法律性质是承诺行为

采购机构一旦宣布确定中标人，就是对中标人的承诺。采购机构和中标人各自都有权利要求对方签订合同，也有义务与对方签订合同。另外，在确定中标结果和签订合同前，双方不能就合同的内容进行谈判。

三、招标方式

根据《招标投标法》第10条规定，招标方式分为公开招标和邀请招标。

1. 公开招标

公开招标，也称无限竞争性招标，是指由招标人以招标公告的方式邀请不特定的法人或其他组织投标。招标人采用公开招标方式的，应当发布招标公告。依法必须进行招标的工程建设项目的招标公告，应通过国家指定的报刊、信息网络或者其他媒介发布。

国家发改委确定的国家重点建设项目和各省、自治区、直辖市人民政府确定的地方重点建设项目，以及全部使用国有资金投资或国有资金投资占控股或主导地位的工程建设项目，应公开招标。

2. 邀请招标

邀请招标也称有限竞争性招标或限制性招标，是指招标方根据自己所掌握的情况，预先确定一定数量的潜在投标人，并向其发出投标邀请书，只有被邀请的投标人才能参与投标竞争，招标人从中择优确定中标人的一种招标方式。

（1）根据《招标投标法》第17条的规定，采用邀请招标方式的招标人，应向三个以上的潜在投标人发出投标邀请书。

（2）邀请招标的招标人要以投标邀请书的方式，向一定数量的潜在投标人发出投标邀请，只有接受投标邀请书的法人或其他组织才可以参加投标竞争，其他法人或组织无权参加投标。

（3）根据《工程建设项目施工招标投标办法》第11条的规定，应当公开招标的项目，但有下列情形之一的，经批准可以进行邀请招标：

①项目技术复杂或有特殊要求，只有少量几家潜在投标人可供选择。

②受自然、地域、环境限制。

③涉及国家安全、国家秘密或抢险救灾，适宜招标但不宜公开招标。

④拟公开招标的费用与项目的价值相比，不值得的。

⑤法律、法规规定不宜公开招标的项目。

四、自行招标和代理招标

从招标行为实施主体的自主性来看，招标有自行招标和代理招标两种。

1. 自行招标

自行招标指的是招标方独自进行的招标活动。

国家发展改革委员会于2000年7月1日发布了《工程建设项目自行招标试行办法》。该办法第4条对自行招标方必须具备的条件做出了规定：

（1）具有项目法人资格（或者法人资格）。

（2）具有与招标项目规模和复杂程度相适应的工程技术、概预算、财务和工程管理等方面的专业技术力量。

（3）有从事同类工程建设项目招标的经验。

（4）设有专门的招标机构或者拥有3名以上专职招标业务人员。

（5）熟悉和掌握招标投标法及有关法规规章。

招标人符合法律规定的自行招标条件的，可以自行办理招标事宜。任何单位和个人不得强制其委托招标代理机构办理招标事宜。

2. 代理招标

在招标投标法中规定，招标人可以自行招标，也可以委托招标代理机构办理招标事项。这两种方法并存是符合我国实际情况的，也适应了招标人实际需要，至于采用哪一种方法，则由招标人依照法律上的要求自行决定，招标人有自主抉择的权利，但是又不是无条件地进行抉择。因此，在法律中明确，只有招标人具有编制招标文件和组织评标能力的，才可以自行办理招标事宜。在立法中还考虑到应当防止自行招标中可能有的弊病，保证招标质量，因此规定，依法必须进行招标的项目，招标人自行办理招标事宜的，应当向有关行政监督部门备案。

（1）招标代理机构的法律责任。是指招标代理机构在招标过程中对其所实施的行为应当承担的法律后果。招标代理机构是依法设立、从事招标代理业务的社会中介机构，其应当在招标人的委托范围内办理招标事宜，因此，招标代理机构应当遵守法律、法规及部门规章中关于招标人的相关规定。

（2）招标代理机构的前提条件。招标代理机构进行代理活动，要具备以下两个前提：

一方面，代理机构要有合法的代理资格。这一前提要求首先要有合法的主体资格。因为代理机构作为具有民事主体资格的社会组织，其产生和存在必须经过依法的程序。如果是法人的，必须具备法人应当具备的条件和成立必须经过的程序。这种合法的主体资格一般以工商行政管理部门的核准登记为标准。

这一前提还要求代理机构从事有关的代理活动，要经过相应的行政主管部门审查和认定。该行政主管部门可以对代理机构的条件、代理范围、代理等级等做出明确的规定。代理机构的代理行为必须符合行政主管部门认定的范围。从事工程招标代理业务的，必须依法取得国务院建设行政主管部门或者省、自治区、直辖市人民政府建设行政主管部门认定的工程招标代理机构资格。

另一方面，代理机构必须有被代理人的授权。被代理人的授权，是代理机构进行代理行为的前提，也是代理行为的依据。如果没有被代理人的授权，或者被代理人的授权期限已经终止，则进行的"代理行为"无效，其法律后果应当由行为人承担。

代理机构的代理行为必须在被代理人的授权范围内进行，如果代理机构超越被代理人的授权进行"代理行为"，则该行为的法律后果也由行为人承担。这种授权应当通过招标代理机构与招标人订立委托代理合同予以明确。委托代理合同应当具有招标人与招标代理机构的名称、代理事项、代理权限、代理期限、酬金、地点、方式、违约责任、争议解决方式等。

五、招标投标应遵循的基本原则

《招标投标法》第5条规定了招投标活动必须遵循的基本原则，即"公开、公平、公正和诚实信用"的原则。这是招标投标必须遵循的最基本的原则，违反了这一基本原则，招投标活动就失去了本来的意义。招标投标法有关招标投标的各项规定，都是为了保证这一基本原则的实现而制定的（图7-2）。

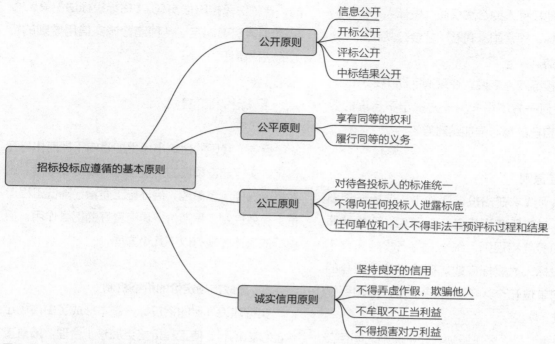

图7-2 招标投标应遵循的基本原则

1. 公开原则

公开原则，就是要求招投标活动具有较高的透明度，实行招标信息、招标程序、招标结果公开（表7-3）。

表 7-3 招标投标公开原则

名称	内容
信息公开	采用公开招标方式的，招标方应通过国家指定的报刊、信息网络或者其他公共媒介发布招标公告；采取邀请招标方式的，招标方应当向三个以上具备承担招标项目的能力、资信良好的特定的法人或其他组织发出投标邀请书
开标公开	开标应当公开进行，开标的时间和地点应当与招标文件中预先确定的相一致
评标公开	评标的标准和办法应当在提供给所有投标人的招标文件中载明，评标应严格按照招标文件确定的标准和办法进行，不得采用招标文件未列明的任何标准
中标结果公开	确定中标人后，招标人应当向中标人发出通知书，同时将中标结果通知所有未中标的投标人。中标通知书对招标人和中标人都具有法律效力

2. 公平原则

公平原则要求给所有投标人平等的机会，使其享有同等的权利，履行同等的义务。不能有意排斥、歧视任何一方，投标人不得采用不正当竞争手段参加投标竞争。

（1）招标方。对于招标方，应向所有的潜在投标人提供相同的招标信息；招标人不得以不合理的条件限制或者排斥潜在投标人，不得对潜在投标人实行歧视待遇；招标文件不得要求或标明特定的生产供应者以及含有倾向或排斥潜在投标人的其他内容；招标人不得向他人透露已获取招标文件的潜在投标人的名称、数量以及可能影响公平竞争的有关招标投标的其他情况；招标人不得限制投标人之间的竞争；所有投标人都有权参加开标会；所有在投标截止时间前收到的投标文件，都应在开标时当众拆封、宣读。

（2）投标方。对于投标方，不得相互串通投标报价，不得排斥其他投标人的公平竞争，损害招标人或者其他投标人的合法权益；投标人不得与招标人串通投标，损害国家利益、社会公共利益、他人的合法权益。

对于招投标双方来说，在采购活动中双方的地位平等，任何一方不得向另一方提出不合理的要求，不得将自己的意志强加给对方。

3．公正原则

公正原则要求在招投标活动中，评标结果要公正。评标时对所有投标者一视同仁，严格按照事先公布的标准和规则，统一对待各投标人；不得向任何投标人泄露标底或妨碍投标公平竞争的信息；任何单位和个人不得非法干预、影响评标过程和结果。

值得注意的是，公正原则与公平原则之间存在共同点。招投标的公正原则与公平原则相同点在于创造一个公平合理、平等竞争的投标环境。不同点在于二者的着重点不同，公平原则更侧重于从投标者的角度出发，考察所有的投标人是否都处于同一个起跑线上；而公正原则更侧重于从招标人和评标委员会的角度出发，考察是否对每一个投标人都给予了公正的待遇。

4．诚实信用原则

"诚实信用"是民事活动的基本原则之一。我国《民法通则》和《合同法》等民事基本法律中，都规定了这一原则。招投标活动是以订立采购合同为目的的民事活动，诚实信用这一原则十分受用。本原则的含义是：

（1）在招标技标活动中，招标人或招标代理机构、投标人等均应以诚实、善意的态度参与招投标活动，严格按照法律的规定行使自己的权利和义务。

（2）坚持良好的信用，不弄虚作假，欺骗他人，牟取不正当利益，不得损害对方、第三者或者社会的利益，这是良好信用的基础。

（3）对违反诚实信用原则，给他方造成损失

的，要依法承担赔偿责任。《招标投标法》第53条至第60条明确规定"各种违背诚实信用原则的行为的法律责任。"

六、招标投标的意义

目前，我国的建筑市场更加趋向于规范化与完善化，实行建设项目的招投标是一项重要举措。这对择优选择承包单位，保证施工质量、降低工程造价、有效控制工程造价，具有良好的指导作用。招投标的具体表现有以下几个方面。

1．形成市场定价的价格机制

实行建设项目的招投标，基本形成了由市场定价的价格机制，使工程价格更加趋于合理。最直接的表现是若干投标人之间出现激烈竞争（相互竞标），其优势在于通过这种激烈的模式，最终将工程价格定位在较为合理的位置，或者有所下降，这一价格机制，提高投资效益。

2．社会平均劳动消耗水平

实行建设项目的招投标，有利于不断降低社会平均劳动消耗水平，使工程价格得到有效控制。在建筑市场中，不同投标者的个别劳动消耗水平存在差异。通过推行招投标制度，一些将劳动消耗水平降到最低或接近最低的投标者，在这一过程中获胜。

这种方式实现了生产力资源的较优配置，对不同投标者进行了优胜劣汰。面对激烈竞争的压力，为了自身的生存与发展，每个投标者都必须在降低自己的个别劳动消耗水平上仔细琢磨，这样将逐步而全面地降低社会平均劳动消耗水平，使工程价格更为合理。

3．工程价格更加符合价值基础

实行建设项目的招投标，有利于供求双方更好地相互选择，使工程价格更加符合价值基础，进而更好地控制工程造价。由于供求双方各自出发点不同，

相互之间存在利益矛盾。因此，单纯采用"一对一"的选择方式，成功的可能性较小。采用招标投标方式，能够在一个较合理的范围内，为供求双方的选择提供条件，为需求者（如建设单位、业主）与供给者（如勘察、设计单位，施工企业）在最佳点上结合提供了可能，能够促进双方签约合作。需求者对供给者选择（即建设单位、业主对勘察、设计单位和施工单位的选择）的基本出发点是择优选择，一些具有报价低、施工工期短、历史业绩突出、管理水平高的供给者，成为需求者的首选，在这一基础上，为合理控制工程造价奠定了良好的基础。

4. 贯彻公开、公平、公正的原则

实行建设项目的招投标，有利于规范价格行为，使公开、公平、公正的原则得以贯彻。目前，我国招投标活动有专门的机构进行管理，具有严格的招投标程序，以及高素质的专家支持系统、工程技术人员的群体评估与决策。在一定程度上能够避免盲目、过度的竞争，营私舞弊等违规现象，还能对建筑装饰工程行业中的腐败现象加以遏制，让价格更加趋于合理，招投标行为更加透明与规范。

5. 减少交易费用

实行建设项目的招投标，能够减少交易费用，节省人力、物力、财力，从而使工程造价有所降低。我国目前从招标、投标、开标、评标到定标这一过程，都在统一的建筑市场中进行，还有较为完善的法律法规保驾护航，招投标已进入制度化操作阶段。

在招投标过程中，若干投标人在同一时间、同一地点报价竞争，在专家支持系统的评估下，以群体决策方式确定中标者，这一举措必然减少交易过程的费用，减少相关费用就意味着招标人收益的增加，对工程造价必然产生积极的影响。

ℝ 补充要点

招投标流程（图7-3）

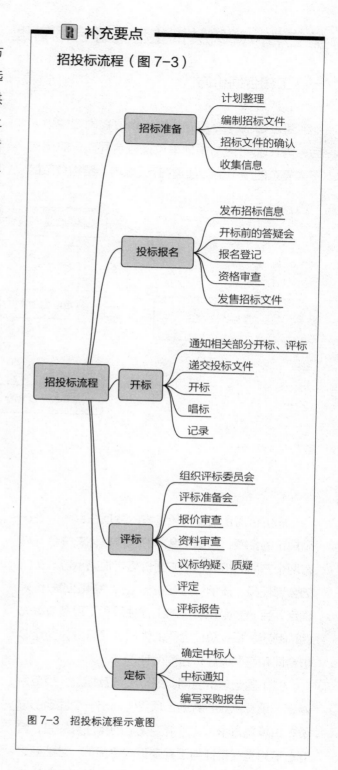

图7-3 招投标流程示意图

第三节　建筑装饰工程监理合同管理

一、工程合同价方式

建设部89号令规定，建设单位在确定中标人后，需在30日内与中标单位签订合同。一般结构不太复杂的中小型工程需在7天以内，结构复杂的大型工程在14天以内，根据《中华人民共和国合同法》依据招投标文件双方签订施工合同，工程合同价的分类方式如图7-4所示：

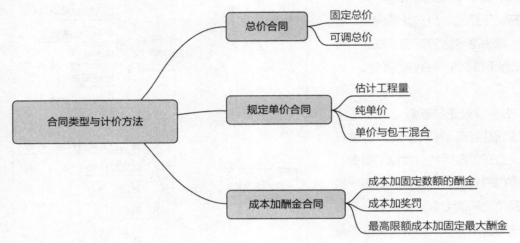

图 7-4　合同价分类

1. 总价合同

总价合同是指支付承包方的款项在合同中是一个规定的金额，即整个合同的总价格。总价合同具有两个方面的特点：一方面价格是根据承包方实施的全部任务，按承包方在投标报价中提出的总价来确定；另一方面是实施的工程性质和工程量应事先明确商定。根据总价合同的性质，又可分为固定总价合同和可调值总价合同两种形式。

（1）固定总价合同。是以图纸及规定、规范为基础，承发包双方就施工项目协商出一个固定的总价，由承包方承包，不能变化。值得注意的是，合同总价只有在设计与工程变更的情况下，才能随之做相应的变更，除此之外，合同总价不能有所变动。采用固定总价合同，承包方要承担实物工程量、工程单价、地质条件、气候和其他一切客观因素所造成亏损的风险。

在合同执行的过程中，承发包双方均不能因为工程量、设备、材料价格、工资等变动，以及地质条件恶劣、气候恶劣等理由，提出对合同总价调值的要求。承包方要在投标时对一切费用的上升因素做出估计，并计算在投标报价之中。因此，这种形式的合同适用于工期较短（一般不超过一年），对最终的装饰要求十分明确的工程项目上，这就要求项目的条款清晰，项目设计图纸完整齐全，项目工作范围及工程量计算的依据准确。

（2）可调总价合同。一般是以图纸及规定、规范为计算基础，与固定总价不同的是，可调总价合同是按"时价"进行计算的，这是一种相对固定的价格。在合同执行过程中，由于通货膨胀导致原材料成本增加，在这种情况下，可以对合同总价进行相应的调值，即合同总价依然不变，只是增加调值条款。因此，在可调总价合同中，应当明确列出相关条款，这样后期的调值工作才能有所依照。

与固定总价相对比，可调总价合同对合同实施中出现的风险做了分摊，发包方承担了通货膨胀这一不可预测因素的风险，而承包方只承担了工程量成本和工期等因素的风险。可调值总价合同适用于工程内容和技术经济指标规定很明确的项目，由于合同中列明调值条款，所以工期一年以上的项目较适于采用这种合同形式。

2. 固定单价合同

固定单价是指合同中确定的各项单价在工程实施期间不因价格变化而调整，而在每月（或每阶段）工程结算时，根据实际完成的工程量结算。在工程全部完成时，以竣工图的工程量最终结算工程总价款。

（1）估算工程量单价合同。是以工程量清单和工程单价表为依据来计算合同价格，通常情况下，是由发包方委托招标代理单位或造价工程师提出总工程量估算表，即"暂估工程量清单"，列出分部分项工程量，由承包方以此为基础填报单价。最后工程的总价应按照实际完成工程量来计算，由合同中分部分项工程单价乘以实际工程量，得出工程结算的总价。采用估算工程量单价合同，可使承包方对其投标的工程范围有一个明确的概念。这种合同一般适用于工程性质比较清楚，但任务与要求标准不能完全确定的情况。因此，估算工程量单价合同在实际中运用较多，目前，国内推行的工程量清单招标的合同就是估算工程量单价合同。

（2）纯单价合同。是指发包方只向承包方给出发包工程的有关分部分项工程以及工程范围，不需对工程量做任何规定。承包方在投标时只需要对这种给定范围的分部分项工程做出报价即可，而工程则按实际完成的数量结算。这种合同形式主要适用于没有施工图、工程量不明，却急需开工的紧迫工程。

（3）单价与包干混合。以单价合同为基础，仅对某种不易计算工程量的分项工程采用包干办法，其余均要求报出单价，并按实际工作量结算。

3. 成本加酬金

在工程合同价中，工程成本部分按现行计价依据计算，酬金部分则按工程成本乘以通过竞争确定的费率计算，将二者相加，确定出合同价。一般分为以下几种形式：

（1）成本加固定百分比酬金。这是发包方对承包方支付的人工、材料和施工机械使用费、其他直接费、施工管理费等，按实际直接成本全部据实补偿，同时按照固定百分比付给承包方一笔酬金，作为承包方的利润。

这种合同价使得付给承包方的酬金及建设工程总造价，随着工程的成本而逐步上涨，这种形式不利于鼓励承包方降低成本，因此很少被采用。

（2）成本加奖罚。首先，根据粗略估算的工程量和单价表编制目标成本，确定酬金补偿数额（百分比或固定额）。其次，根据实际成本支出与目标成本，将两者相比较确定一笔额外奖金与罚金，当实际成本低于目标成本时，承包方除获得实际成本、酬金补偿外，还可根据成本降低比例得到相应的额外奖金；当实际成本接近或略高于目标成本时，承包方仅能得到成本和酬金的补偿；若高出目标成本且超过约定限额，将会处以罚金。除此之外，还可设工期奖罚。

这种合同价可促使承包商降低成本，缩短工期，且目标成本可随着设计的进展而调整，承发包双方都不会承担太大风险，因此，这种合同价形式应用较多。

（3）最高限额成本加固定最大酬金。首先要确定最高限额成本、报价成本和最低成本，当实际成本没有超过最低成本时，承包方可得到花费的成本费用及应得酬金等，并与发包方分享节约额；如果实际工程成本在最低成本和报价成本之间，承包方只能得到成本和酬金；如果实际工程成本在报价成本与最高限额成本之间，则只能得到全部成本；实际工程成本超过最高限额成本时，则超过部分发包方不予支付。

这种合同价形式有利于控制工程造价，并能鼓励承包方最大限度地降低工程成本。《计价办法》明确指出：建筑工程施工发包与承包价在政府的宏观调控下，由市场竞争形成。应遵循公平、合法和诚实信用的原则。

二、发包、承包方确定合同价及履行合同的定价

《计价办法》规定"招标人与中标人应当根据中标价订立合同。不实行招标投标的工程，在承包方编制的施工图预算的基础上，由发承包双方协商订立合同。"此时应注意以下几点：

（1）发承包双方在确定合同价时，应当考虑市场环境和生产要素价格变化对合同价的影响。

（2）应根据建设行政主管部门的规定，结合工程款、建设工期和包工包料的实际情况，在合同中约定预付工程款的具体事宜。

（3）双方应当按照合同约定，定期或者按照工程进度进行工程款结算。

（4）工程竣工验收合格，应当按照有关规定及合同约定进行竣工结算。

三、处理施工合同争议与解除

在工程项目施工过程中，常常发生一些合同内未包容的事情，除了进行设计变更、工程延期及索赔处理外，还会有一些问题不能取得一致，引起双方意见分歧甚至纠纷，也可能会有某一方发生违约行为，各种主客观原因都可能导致双方发生争议，甚至一方要求解除合同。此时，监理工程师必须处理好这类事项。最重要的是要持有公正、客观的立场，充分发挥协调作用，尽量协商解决，减少负面影响。必须按《建设工程监理规范》的有关规定执行，首先应掌握合同文件的解释顺序。

1. 合同文件解释顺序

合同文件应能相互解释，互为说明。除专用条款另有约定外，组成本合同的文件及优先解释顺序如下：

（1）本合同协议书。

（2）中标通知书。

（3）投标书及其附件。

（4）本合同专用条款。

（5）本合同通用条款。

（6）标准、规范及有关技术文件。

（7）图纸。

（8）工程量清单。

（9）工程报价单或预算书。

2. 合同争议调解

（1）首先根据施工合同专用条款中约定的方式解决，其中有：

①双方达成仲裁协议，向约定的仲裁委员会申请仲裁。

②向有管辖权的人民法院起诉。

（2）在合同争议的仲裁或诉讼过程中，项目监理机构接到仲裁机关或法院要求提供有关证据的通知后，应公正地提供与争议有关的证据。若一般争议、小的分歧，建设单位或施工单位提出请监理人员调解时，不应推却，可按下列步骤进行工作：

①及时了解合同争议的全部情况，包括进行调查和取证。

②及时与合同争议的双方进行磋商。

③在项目监理机构提出调解方案后，由总监理工程师进行争议调解。

④当调解未能达成一致时，总监理工程师应在施工合同规定的期限内提出处理该合同争议的意见。

⑤在争议调解过程中，除已达到了施工合同规定的暂停履行合同的条件之外，项目监理机构应要求施工合同的双方继续履行施工合同。

⑥在总监理工程师签发合同争议处理意见后，建设单位或承包单位在施工合同规定的期限内未对合同争议处理决定提出异议，在符合施工合同的前提下，此意见应成为最后的决定，双方必须执行。

（3）监理工程师应注意强调发生争议后，一般情况下双方都应继续履行合同，保持施工连续，保护好已完成工程或成品，不得以任何借口停工。但出现下列情况之一，可以停工。

①仲裁机构要求停止施工。

②法院要求停止施工。

③调解要求停止施工，且为双方接受。

④单方违约导致合同确已无法履行，双方协议停止施工。

四、解除合同

监理工程师工作的核心是监督施工合同的实现，但实践中也难免因各种主客观原因而发生合同解除事件，对这类问题的处理绝不能轻率表态，要牢记监理规范的要求"施工合同的解除必须符合法律程序。"主要是指必须符合施工合同中有关解除的约定条款（第44条）。具体操作过程可按下列程序执行。

1. 由于建设单位违约导致施工合同最终解除

项目监理机构应就承包单位按施工合同规定应得到的款项与建设单位和承包单位进行协商，并应按施工合同的规定从下列应得的款项中确定承包单位应得到的全部款项，并书面通知建设单位和承包单位。

（1）承包单位已完成的工程量表中所列的各项工作所应得的款项。

（2）按批准的采购计划订购工程材料、设备、构配件的款项。

（3）承包单位撤离施工设备至原基地或其他目的地的合理费用。

（4）承包单位所有人员的合理遣返费用。

（5）合理的利润补偿。

（6）施工合同规定的建设单位应支付的违约金。

2. 由于承包单位违约导致施工合同终止

项目监理机构应按下列程序清理承包单位的应得款项，或偿还建设单位的相关款项，并书面通知建设单位和承包单位。

（1）清理承包单位已按施工合同规定实际完成的工作所应得的款项和已经得到支付的款项。

（2）施工现场余留的材料、设备及临时工程的价值。

（3）对已完工程进行检查和验收，移交工程资料，该部分工程的清理、质量缺陷修复等所需的费用。

（4）按施工合同规定，承包单位应支付的违约金。

（5）总监理工程师按照施工合同的规定，在与建设单位和承包单位协商后，书面提交承包单位应得款项或偿还建设单位款项的证明。

3. 由于不可抗力或非建设单位、承包单位的原因导致施工合同终止

项目监理机构应按施工合同规定处理合同解除后的有关事宜。

第四节　建筑装饰监理合同管理工作

一、工程暂停及复工管理

工程进展过程中，因为各种原因，难免发生暂停施工及复工，项目经理及监理工程师均应明确需要签发暂停令和复工令的手续及其权属，要按法定程序办理，不可越权，不可简化，各种申请、审批、报表要妥善保存以备查，这是关于进度目标控制的重要的原始凭证。越级申请或越权审批都没有法律效力。

1. 签发工程暂停令的权限

签发工程暂停令的权限应属于总监理工程师，总监理工程师在签发工程暂停令时，应根据暂停工程的影响范围和影响程度，按照施工合同和委托监理合同的约定签发。

2. 可签发工程暂停令的情况

（1）建设单位要求暂停施工且工程需要暂停施工。值得注意的是，这里是否签发暂停令，需要总监理师独立判断，主动权掌握在总监理师手中，当总监理师认为没有必要暂停施工时，可不签发工程暂停指令。

（2）为了保证工程质量而需要进行停工处理的情形。

（3）施工出现了安全隐患，总监理工程师认为有必要停工以消除隐患。

（4）发生了必须暂时停止施工的紧急事件。

（5）承包单位未经许可擅自施工，或拒绝项目监理机构管理。当总监理工程师签发工程暂停令后，未签发复工令之前，如果承包单位擅自施工，总监理工程师有权利再次签发工程暂停令，并采取保护施工安全与监理流程的措施。当承包单位拒绝执行项目监理机构的暂停施工指令时，总监理工程师应视情况，考虑是否再次签发工程暂停令。

当遇以上（2）（3）（4）中任一情况时，不论建设单位是否要求停工，总监理工程师均应及时按程序签发工程暂停令。

3. 签发工程暂停令应考虑影响

总监理工程师在签发工程暂停令时，应根据停工原因的影响范围和影响程度，确定工程项目停工范围。

4. 签发工程暂停令前应与承包单位协商损失

当非承包单位不满足上述（2）（3）（4）（5）中的原因时，总监理工程师在签发工程暂停令之前，应该就有关工期和费用等事宜，与承包单位进行协商。

5. 记录工程原因与费用损失

由于建设单位原因，或其他非承包单位原因导致工程暂停时，项目监理机构应如实记录项目的实际情况，及引起施工暂停的原因。一般情况下，需要通过工程暂停的原因，来确定实际工程延期与费用损失，后期需要根据原因对承包方给予施工工期与费用方面的补偿。因此，监理机构一定要如实记录，将装饰工程项目的实际情况——记录，不得弄虚作假。

6. 提交工程停工的工作报告及相关资料

由于承包单位原因导致工程暂停，经过整顿后，在具备恢复施工条件、承包单位申请复工时，承包单位需填报《工程复工报审表》（表7-4），同时，就本次导致施工暂停的原因、整改措施等，以书面文件形式，上报给项目监理机构。经过项目监理机构审查，同意承包单位报送的复工申请及有关材料后，总监理工程师应在施工暂停原因消失、具备复工条件时，及时签署工程复工报审表，指令承包单位继续施工。

7. 处理施工暂停后续事宜

总监理工程师在签发工程暂停令之后，即在签发工程暂停令到签发工程复工报审表之间的时间内，宜会同有关各方尽快按照施工合同的约定，处理因工程暂停引起的与工期、费用等有关的问题。

表7-4 工程复工报审表范本

致：_____（项目监理机构）

编号为_____《工程暂停令》的停工_____部位已满足复工条件，我方申请于_____年_____月_____日复工，请予以批准。

附件：证明文件、资料

施工项目经理部（盖章）：
项目经理（签字、执业印章）：

监理机构审核意见：

项目监理机构（盖章）：
总监理工程师（签字、执业印章）：

二、工程变更管理

工程变更是指在工程项目实施过程中，按照合同约定，对部分或全部工程在材料、工艺、功能、构造、尺寸、技术指标、工程数量及施工方法等方面做出的改变。任何一项工程，在实施过程中发生变更都属正常现象，有时数量不少。一般情况下，工程变更会导致工程费用产生变化，就一定会涉及甲、乙双方的利益，而费用问题一直是投资目标控制的重点。为了避免甲、乙双方之间产生利益纠纷，影响正常施工流程，监理工程师在管理的过程中，必须以细致、严谨的态度来处理建筑装饰项目中的工程变更问题。

1. 设计单位提供工程变更文件

（1）设计单位对原设计存在的缺陷提出的工程变更，应编制设计变更文件。

（2）建设单位或承包单位提出的工程变更，应提交总监理工程师。

设计变更文件由总监理工程师组织专业监理工程师审查，同意后，应由建设单位转交原设计单位编制设计变更文件。当工程变更涉及安全、环保等内容时，应按规定经有关部门审定。

2. 了解与收集工程变更有关资料

项目监理机构应了解实际情况和收集与工程变更有关的资料。专业监理工程师应审查：

（1）确定工程变更项目与原工程项目之间的类似程度和难易程度。

（2）确定工程变更项目的工程量。

（3）确定工程变更的单价或总价。

3. 评估工程变更费用与工期

总监理工程师必须根据实际情况、设计变更文件和其他有关资料，按照施工合同的有关条款，对工程变更的费用和工期做出评估，并就此情况与承包单位和建设单位进行协调。

4. 总监理工程师签发工程变更单

工程变更单格式如表7-5所示，应包括工程变更要求、说明、费用和工期，必要的附件如设计变更文件等内容。

表 7-5   工程变更单范本

工程名称：   编号：

致： 　　由于_____原因，兹提出工程变更，请予以审批。 　　附件：工程变更文件	
	提出单位： 代 表 人： 日　　期：

一致意见：

建设单位代表签字： 日期：	设计单位代表签字： 日期：	项目监理机构签字： 日期：

5. 项目监理机构处理工程变更

项目监理机构处理工程变更应按照监理委托合同的约定进行，不应超越所授权限，并应协助建设单位与承包单位签订工程变更的补充协议。

（1）项目监理机构在工程变更的质量、费用和工期方面取得建设单位授权后，应按施工合同规定与承包单位进行协商，达成统一意见后，总监理工程师应将协商结果向建设单位通报，并由建设单位与承包单位在变更文件上签字。

（2）当第一条意见未取得建设单位授权时，总监理工程师的工作只是协助建设单位和承包单位进行协商，并达成一致。

（3）在建设单位和承包单位未能就工程变更的费用等方面达成协议时，项目监理机构应提出一个暂定的价格，作为临时支付工程进度款的依据。在进行最终工程款结算时，应以建设单位和承包单位达成的协议为依据。

在总监理工程师签发工程变更单之前，承包单位不得私自实施工程变更。未经总监理工程师审查同意而实施的工程变更，项目监理机构不得予以计量。

第五节　工程签证与设计变更

一、工程签证

工程签证是按承发包合同约定，一般由承发包双方代表出面，对施工中涉及合同之外的责任划分进行签认说明。一般来说，工程签证是指在施工合同履行过程中，承发包双方根据合同的约定，对合同价款之外的费用补偿，最后达成的补充协议。

1. 签证原则

（1）实事求是原则。当无法套用综合单价（或定额单价）计算工程量时，可以只签发实际人工工作日或机械台班数量，只考虑现有条件，不考虑其他因素，避免增大补偿数量。

（2）准确计算原则。凡是可明确计算工程量套综合单价（或定额单价）的内容，一般情况下，只能签工程量而不能签人工工日和机械台班数量，这种做法能有效避免工程量签证与实际工程量不符的现象。

（3）及时处理原则。无论是承包商还是建设单位，现场签证需要及时处理，这种做法能够有效避免现场签证与实际情况不符的现象，还能避免不必要的纠纷。

（4）授权适度原则。主要体现在分清签证权限，加强签证管理上。因此，需要明确责任，对签证人与签证文件、签证形式进行确认，这些必须在合同中注明。

（5）避免重复原则。在办理签证时，必须注意签证单上的内容与设计图纸、预算定额、预算定额计价、费用定额、工程量清单计价、合同承诺等内容是否有重复，对重复项目内容不得再计算签证费用，这种做法能有效避免重复收费乱象。

（6）现场跟踪原则。为了严格控制投资，加强施工现场管理，当签证的费用数额较大时（具体额度由业主根据工程大小确定），在费用发生之前，需承包商应与现场监理人员、造价审核人员一同到现场查看。

（7）废料回收原则。因现场签证中许多是障碍物拆除和措施性工程，需要进行废料回收处理，因此，凡是拆除和措施性工程中需要进行回收的材料或设备（不回收的需注明），需要注明回收单位，并由回收单位出具证明。

2. 主要问题

（1）不规范的签证。一般情况下，现场签证需要业主、监理、施工单位三方共同签字，各自盖章后才能生效。由于缺少其中一方，合同的公正合法性减弱，属于不规范的签证，不能作为结算的依据。

（2）应当签证的未签证。有一些签证，如零星工程、零星用工等，发生的时候就应当及时办理。部分业主在施工中的随意性强，改变某一部位的设计时有发生，由于没有提前做好设计变更与现

场签证，往往到了结算时便会引起纠纷，由于装饰工程早已完工，补发签证十分困难。其次，一些施工单位经验不足，对需要签证的费用不清楚，缺乏签证的意识。

（3）违反规定的签证。由于业主对签证方面的知识不了解，也没有配备专业工程投资控制人员，因此，不清楚工程造价方面的有关规定，某些施工单位别有用心，通过欺骗业主来获得一些违反规定的签证，这类的签证也是不被认可的。

二、设计变更

设计变更是指项目设计之初到正式交付使用之日，对已批准的初步设计文件、技术设计文件、施工图设计文件等进行修改、完善、优化的活动。设计变更应以图纸或设计变更通知单的形式发出。改变有关工程的施工时间和顺序属于设计变更。变更有关工程价款的报告应由承包人提出。承包人在施工过程中若要更改施工组织设计，应经业主和监理同意。

1. 引起设计变更的主要问题

目前，设计变更有两种形式：一种是由设计单位发出的设计修改通知单；另一种是设计变更交底纪要。施工单位提出的技术核定单，原则上不属于设计变更的范畴。在工程建设过程中，设计变更应手续齐全、档案完整，严格遵循法定程序。但实际工作中却经常出现一些不规范的设计变更，主要表现在以下几个方面：

（1）受经济计划的影响。主要体现在业主的随意性上，在设计单位不知情的情况下，随意更改设计图纸，甚至多次变来变去。由于没有设计单位签字，这种设计变更没有合格的变更手续，是一种对装饰工程质量不负责的体现，变动过大会引发安全隐患。

（2）设计变更和技术核定单混淆。施工单位

往往以施工中的各种原因要求变更，建设单位现场代表不能正确分析判断，轻信或先口头答应，造成既成事实。监理和设计不尽职责，对工程中的技术核定单全部给予认可签字，更有事后补签设计变更的情况。

（3）设计单位无正规的设计变更手续。部分设计人员偷奸耍滑，仅仅在施工现场表明同意设计变更，或者在原施工图上简单作图。没有单独绘制图纸，使施工单位无正规的施工依据。

（4）设计变更现场管理混乱。施工现场人员众多，现场管理不易，一旦发生设计变更，原定的施工计划被全部打乱，给现场施工带来极大不便。且设计施工图的版本经过多次改变，设计变更通知单下发次数多，难免会存在不清楚真正的施工图，用错图纸的情况。

（5）利用设计变更达到违规目的。在有些工程中，建设单位为了寻求自身利益的最大化，面对审图机构或规划、消防等建设管理部门提出的修改要求，仅仅委托设计方出具设计变更图纸，在实际施工中并没有变更。甚至于有一些建设单位在施工图送审中暗藏猫腻，将合格的施工图送审，而在实际建设过程中使用具有违规建设的图纸，这种行为十分缺乏社会道德，一旦施工出现问题，必然会造成严重后果。

2. 设计变更流程（图7-5）

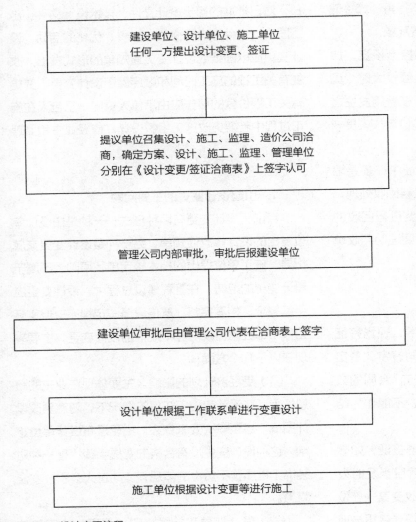

图 7-5　设计变更流程

3. 设计变更通知单（表7-6）

表7-6   设计变更通知单范本

年   月   日

编号：

工程名称			专业名称	
序号	图号		变更内容	
提出单位：（公章）		技术负责人：		制表：

变更单位意见	设计单位 （公章） 项目负责人： 年 月 日	建设单位（业主） （公章） 项目负责人： 年 月 日	监理单位 （公章） 项目负责人： 年 月 日	施工单位 （公章） 项目负责人： 年 月 日

三、现场签证

现场签证是施工活动中遇到问题，用来证实施工中出现特殊情况的书面资料，由于报批需要时间，所以在施工现场由现场负责人当场审批的一个过程。这是监理人员与施工现场代表对施工中的责任事件做出的签认说明。常见的现场签证有以下几种。

1. 工程设计变更的签证

建筑装饰工程开工后，工程设计变更会给施工单位造成一定的损失，如施工图纸有误，或开工后进行的设计变更。这时候施工单位已开工或下料造成的人工、材料、机械费用的损失。工程变更导致的人工、材料、机械的签证。

2. 停工损失

由于甲方责任造成的停水、停电、超过合同规定的范围。在此期间工地所使用的机械停滞台班、人工窝工，以及周转材料的使用量都要签证清楚。

3. 续建工程的加工修理

甲方原发包施工的未完工程，委托另一施工单

位续建时，对原建工程不符合要求的部分进行修理或返工的签证。

4. 材料缺失造成损失

甲方供料时，供料不及时或不合格给施工方造成的损失。施工单位在包工包料工程施工中，由于甲方指定采购的材料不符合要求，必须进行二次加工的签证以及设计要求而定额中未包括的材料加工内容的签证。甲方直接分包的工程项目所需的配合费用。

5. 二次搬运形成的费用

材料、设备、构件超过定额规定运距的场外运输，由此形成的二次搬运费用，待签证后按有关规定结算；特殊情况的场内二次搬运，经甲方驻工地代表确认后的签证。

6. 工程项目以外的签证

甲方在施工现场临时委托施工单位进行工程以外的项目签证。

7．现场签证单模板（表7-7）

表 7-7　　　　　　　　　　　　　　现场签证单模板

年　　月　　日　　　　　　　　　　　　　　　　　　　　　　　　　　　　　编号：

工程名称		部位		
建设单位				
发包单位				
施工单位				
签证原因				
签证内容				
会签栏	建设单位 （公章） 年　月　日	监理单位 （公章） 年　月　日	施工单位 （公章） 年　月　日	

第六节　施工索赔

施工索赔是建筑承包企业因发包单位违反工程承包合同条款，造成经济利益损受损，对发包单位索取赔偿的一种经济活动。工程项目施工过程中，由于招标单位或其他原因，导致承包企业增加了工程费用或延误了工程进度，承包企业根据合同文件中有关条款，通过合法的维权途径和程序，要求招标单位偿还其在施工中的费用损失或工期损失。

一、索赔的分类

施工索赔分类的方法很多，从不同的角度，有不同的分类方法。如按索赔的有关当事人可分为：施工方同设计方之间的索赔，施工方同分包商之间的索赔，施工方同供货商之间的索赔，施工方向保险公司索赔。按索赔的业务范围分类可分为施工索赔，即在施工过程中的索赔；商务索赔，指在物资采购、运输过程中的索赔。在这里，我们以索赔的目的、发生原因、方式、合同分类为依据，来分析索赔的形式（图7-6）。

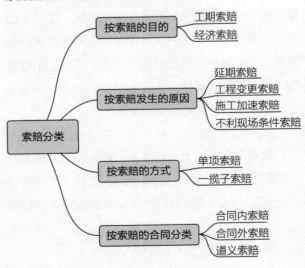

图 7-6　索赔的分类

1. 按索赔的目的

（1）工期索赔。要求得到工期的延长。

（2）经济索赔。要求得到经济补偿。

2. 按索赔发生的原因

按索赔发生的原因分类很多，每种索赔都有独特的原因，总体可归纳为四类，分别为：延期索赔、工程变更索赔、施工加速索赔和不利现场条件索赔。

（1）延期索赔。延期索赔主要表现为设计方的原因，不能按原定计划的时间进行施工所引起的索赔。由于材料和设备价格上涨，为了控制建设成本，设计方会将材料和设备直接订货后，再供应给施工的施工方，这种情况下，设计方要承担因不能按时供货，而导致工程延期的风险。

（2）工程变更索赔。工程变更索赔是指对合同中规定的工作范围发生变化，由此引起的索赔。

（3）施工加速索赔。施工加速索赔经常是延期或工程变更索赔的结果，有时也称为赶工索赔，施工加速索赔与劳动生产率的降低关系极大，因此，又称为劳动生产率损失索赔。

例如，设计方要求施工方比合同规定的工期提前，或因工程前段的工期拖延，要求后一阶段工程弥补已经损失的工期，保证工程按时完工。因此，施工方可因施工加速导致超过原计划的成本来提出索赔，索赔一般要考虑到额外雇用劳动力、采用额外设备、加班工资、改变施工方法、额外监督管理人员、住宿费用等。

（4）不利现场条件索赔。不利的现场条件是指合同的图纸和技术规范中有偏差，如描述条件与实际情况有出入，或者合同中并未提及，这是一个有经验的施工方无法预料的。一般是地下的水文地质条件，也包含一些不可知的地面条件。不利现场条件索赔近似于工程变更索赔，然而又不像大多数工程变更索赔。不利现场条件索赔应归咎于确实不易预知的某个事实。

例如，在施工之前，现场的地质、水文、条件无法在短时间内调查清楚，只能进行地质取样、试验来分析、判断，无法进行全面的调查，而招投标时间短，这种耗费大量时间的现场勘查不合时宜。因此，这种不利现场条件的风险一般由设计方承担。

3. 按索赔的方式

（1）单项索赔。是指在工程实施过程中，出现了干扰原合同的索赔事件，施工方为这一事件提出的索赔方式。例如，设计方发出设计变更指令，由此造成施工方成本增加、工期延长等问题，施工方为变更设计这一事件提出索赔要求。在合同中规定单项索赔必须在索赔有效期内完成，即在索赔有效期内提出索赔报告，经监理工程师审核后交设计方批准。如果超过规定的索赔有效期，则该索赔属于无效。

因此，对于单项索赔，必须有合同管理人员对日常的所有合同事件进行跟踪，一旦发现问题应迅速研究是否提出索赔要求。单项索赔由于涉及的合同事件原因、责任划分、索赔值计算处理简单，赔偿金额小等原因，往往容易达成协议，申请索赔成功。

（2）一揽子索赔。又称总索赔，是指施工方在工程竣工前后，将施工过程中已提出但未解决的索赔进行汇总，向设计方提出一份总索赔报告的索赔方式。这种索赔是将一些比较复杂，不能立即解决的单项索赔问题，经双方协商同意留待以后解决的索赔方式。有的是设计方对索赔迟迟不作答复，采取拖延的办法，使索赔谈判旷日持久，有的施工方对合同管理的水平差，平时没有注意对索赔的管理，忙于工程施工，当工程快完工时，发现自己亏了本，或设计方不付款时，才准备进行索赔，甚至提出仲裁或诉讼。

由于以上原因，在处理一揽子索赔时，因许多干扰事件交织在一起，影响因素比较复杂，有些证据因为时间久远，责任分析和索赔值的计算发生困难，使索赔处理和谈判十分艰难。加上一揽子索赔的金额较大，往往需要施工方做出较大让步才能解决。

因此，施工方在进行施工索赔时，一定要掌握索赔的有利时机，力争单项索赔，使索赔在施工过程中一项一项地单项解决。对于实在不能单项解决，需要一揽子索赔的问题，也应力争在施工建成移交之前完成主要的谈判与付款。如果设计方无理拒绝和拖延索赔，施工方还有约束设计方的武器——合同。否则，工程移交后，施工方就失去了约束设计方的"王牌"，设计方就有可能拒不承认，使索赔长期得不到解决。

4. 按索赔的合同分类

索赔的目的是得到费用损失补偿和工期延长，其依据是按合同条款的规定。因此，索赔按合同的依据分类，可分为合同内索赔、合同外索赔和道义索赔。

（1）合同内索赔。这种索赔是以合同条款为依据，在合同中有明文规定的索赔方式，如工程延误、工程变更、工程师给出错误数据等，导致放线的差错、设计方不按合同规定支付进度款等。这种索赔由于在合同中白字黑字记录，索赔比较容易。

（2）合同外索赔。相对于合同内索赔，这种索赔方式一般没有直接合同依据，难以直接从合同的某条款中找到有力证据，但可以从对合同条件的合理推断，或同其他的有关条款联系起来论证，证明该索赔是符合合同规定的索赔。例如，因天气的影响给施工方造成的损失一般应由施工方自己负责，如果施工方能证明是特殊反常的气候条件，如百年一遇的洪水、五十年一遇的暴雨等，就可以利用合同条款中的规定，得到工期延长，或者费用索赔。

（3）道义索赔。是指承包商在施工过程中因意外困难遭受损失，但合同中找不出索赔依据，向业主提出给予适当经济补偿的要求。通情达理的业主从自己的利益和人道道义角度考虑，往往会给承包商一些实质补偿。这种索赔在实践中不多见，是业主与承包商双方友好合作精神的体现。

R 补充要点

1. 索赔是一种合法的正当权利要求，不是无理争利。它是依据合同和法律的规定，向承担责任方索回不应该由自己承担的损失，这完全是合理合法的。

2. 索赔是双向的。合同的双方都可以向对方提出索赔要求，被索赔方可以对索赔方提出异议，阻止对方不合理的索赔要求。

3. 索赔的依据签订的合同和有关法律、法规和规章。索赔成功的主要依据是合同和法律及与此有关的证据。没有合同和法律依据，没有依据合同和法律提出的各种证据，索赔不能成立。

4. 施工索赔的目的。在工程施工中，索赔的目的是补偿索赔方在工期和经济上的损失。

二、费用索赔的处理

工程建设实施过程中发生索赔事件是很正常的，一般说来索赔分为两种：工期索赔与费用索赔。在这里主要讲解费用索赔，费用索赔即合同一方因另一方原因造成本方经济损失，通过监理工程师向对方索取费用的活动。虽是双方均可提出索赔，但我们仅讨论施工方向建设单位根据承包合同的约定提出的索赔。

监理工程师在处理索赔事件时，必须坚持公正、公平，实事求是，所取证据真实可靠的原则。因为它牵扯到双方的实际利益，绝不可偏袒哪一方，在维护建设单位利益的同时，要考虑承包单位的合法权益。项目监理机构管理索赔主要内容如下。

1. 依据

（1）国家有关的法律、法规和工程项目所在地的地方法规。

（2）本工程的施工合同文件，这是重要的依据，监理工程师应注意除明示条款外，还应考虑暗示条款。

（3）国家、部门和地方有关的标准、规范和定额。

（4）施工合同履行过程中与索赔事件有关的凭证。

2. 受理条件

承包单位提出费用索赔应同时满足以下三个条件：

（1）索赔事件造成了承包单位的直接经济损失。

（2）索赔事件是由于非承包单位的责任发生的。

（3）承包单位已按照施工合同规定的期限和程序提出费用索赔申请表，并附有索赔凭证材料。费用索赔申请表格式如表7-8所示。

表 7-8   费用索赔申请表范本

工程名称：   编号：

致： 　　根据施工合同条款_____条规定，由于_____原因，我方要求索赔金额_____，请予以批准。 　　索赔详细理由及经过：   　　索赔金额计算：   　　附：证明材料   　　　　　　　　　　　　　　　　　　　　　　　　承包单位（公章）： 　　　　　　　　　　　　　　　　　　　　　　　　项目经理（签字）： 　　　　　　　　　　　　　　　　　　　　　　　　申请日期：

3. 处理程序

承包单位向建设单位提出费用索赔，项目监理机构应按下列程序处理：

（1）承包单位在施工合同规定的期限内，向项目监理机构提交费用索赔意向通知书。

（2）总监理工程师指定专业监理工程师收集与索赔有关的资料。

（3）承包单位在承包合同规定的期限内，向项目监理机构提交费用索赔申请。

（4）总监理工程师初步审查费用索赔申请，符合规定条件时予以受理。

（5）总监理工程师进行费用索赔审查，并在初步确定一个额度后，与承包单位和建设单位进行协商。主要审查以下三方面：第一，索赔事件发生的合同责任；第二，由于索赔事件的发生，施工成本及其他费用的变化和分析；第三，索赔事件发生后，承包单位是否采取了减少损失的措施。

（6）总监理工程师应在施工合同规定的期限内，按规定签署费用索赔审批表，或要求承包单位提交有关索赔报告的进一步详细资料的书面文件，待收到承包单位提交的详细资料后再按程序进行。费用索赔审批表如表7-9所示。

表 7-9   **费用索赔审批表范本**

工程名称：   编号：

致：
　　根据施工合同条款＿＿＿＿条规定，对于你方提出的＿＿＿＿费用索赔申请，索赔金额＿＿＿＿。
经我方审核评估
　　□不同意此项索赔
　　□同意此项索赔，金额为（大写）：＿＿＿＿。
　　同意/不同意索赔的理由：

　　索赔金额计算：

　　　　　　　　　　　　　　　　　　　　　　　　　　　项目监理机构：
　　　　　　　　　　　　　　　　　　　　　　　　　　　总监理工程师：
　　　　　　　　　　　　　　　　　　　　　　　　　　　索赔审批日期：

4. 与工期关联的处理

当承包单位的费用索赔要求与工程延期要求相关联时，总监理工程师在做出费用索赔的批准决定时，应与工程延期的批准联系起来，综合分析后，做出费用索赔和工程延期的决定。值得注意的是，此时建设单位可能不愿给予工程延期批准，或只给予部分工程延期批准。此时的费用索赔批准不仅要考虑费用补偿，还要给予赶工补偿。因此，总监理工程师要综合各方面的因素，做出费用索赔和工程延期的批准决定。

5. 建设单位提出索赔的处理

由于承包单位的原因造成建设单位的额外损失，建设单位向承包单位提出费用索赔时，总监理工程师在审查索赔报告后，应公正地与建设单位和承包单位进行协商，并及时做出答复。

🅁 补充要点

工程延期及工程延误的处理流程

1. 相关规定与程序。项目监理机构在处理工程延期及工程延误的工作中，应遵守下列程序与规定：

（1）受理条件。当承包单位提出工程延期要求符合施工合同文件的规定条件时，应予以受理。

（2）办理手续。当影响工期事件具有持续性时，可在收到承包单位提交的阶段性工程延期申请表并经过审查后，先由总监理工程师签署工程临时延期审批表并通报建设单位。当承包单位提交最终的工程延期申请表后，项目监理机构应复查工程延期及临时延期情况，并由总监理工程师签署工程最终延期审批表。

2. 审查批准延期的依据。项目监理机构在审查工程延期时，应依下列情况确定批准工程延期的时间：

（1）施工合同中有关工程延期的约定。

（2）工期拖延和影响工期事件的事实和程度。

（3）影响工期事件对工期影响的量化程度。

3. 批准延期步骤。在确定各影响工期事件对工期或区段工期的综合影响程度时，可按下列步骤进行：

（1）以事先批准的详细的施工进度计划为依据，确定假设工程不受影响时应该完成的工作或应该达到的进度。

（2）详细核实受影响后，实际完成的工作或实际达到的进度。

（3）查明因受影响而延误的作业工种。

（4）查明实际的进度滞后是否还有其他影响因素，并确定其影响程度。

（5）最后确定该影响工期事件对工程竣工时间或区段竣工时间的影响值。

━━ Ⓡ **补充要点**

4. 三方协商。项目监理机构在批准临时工期延期或最终的工程延期之前，均应与建设单位和承包单位进行协商。

5. 关联问题。工程延期造成承包单位提出费用索赔时，按相应规定处理。

6. 延误赔偿。当承包单位未能按照施工合同要求的工期竣工交付造成工期延误时，项目监理机构应按施工合同规定从承包单位应得款项中扣除误期损害赔偿费。

　　审批临时延期是审批最终延期的基础，其程序不可因临时而简化，因为"最终"是由"临时"累加而成。总监理工程师在审批最终延期时，要复查与工程延期有关的全部情况；监理工程师在施工全过程中对有关延期的一切原始情况、资料都必须细致认真的收集、保存、记载，并与原计划进度进行对比、分析，以利于总监批准合理的延期。

第七节　反索赔

一、概念

　　反索赔是指一方提出索赔时，另一方通过反驳、反击或防止对方提出的索赔，不让对方索赔成功或者全部成功。一般认为，索赔是双向的，业主和承包商都可以向对方提出索赔要求，任何一方也都可以向对方提出的索赔要求进行反驳和反击，这种反击和反驳的行为就是反索赔。反索赔有工期延误反索赔、施工缺陷索赔等六种类型，针对一方的索赔要求，反索赔的一方应以事实为依据，以合同为准绳，反驳和拒绝对方的不合理要求或索赔要求中的不合理部分，这属于维护自身的合法权益。

　　同承包商提出的索赔的意义相同，业主的反索赔要求也是为了维护自身的经济利益，避免蒙受不明不白的经济损失。因此，从经济角度出发，索赔和反索赔的目的是一致的，在一些书籍或索赔报告中，会将索赔和反索赔统称为"索赔"，因此，在判断是哪一方提出索赔时，要根据上下文关系进行分析。

━━ Ⓡ **补充要点**

反索赔工作的特点

1. 业主对承包商的反索赔措施。反索赔措施基本上都已列入工程项目的施工合同条款中，如保留金、投票保函、预付款保函、履约保函、第三方责任险、误期损害赔偿费、缺陷责任等。在合同实施的过程中，许多反索赔措施顺理成章地展现出来。

2. 业主对承包商的反索赔。不需要提交报告之类的索赔文件，只需通知承包商即可。有的反索赔决定，如承包商保险失效，误期损害赔偿费等，根本不需要事先通知承包商，就可以直接扣款。

3. 业主的反索赔款额。由业主自己根据有关法律和合同条款确定，且直接从承包商的工程进度款中扣除。如工程进度款数额不够，可以从承包商提供的任何担保或保函中扣除。

二、反索赔的分类

1. 工期延误反索赔

在工程施工过程中，由于承包商的责任致使装饰项目竣工日期延后，影响到业主正常的验收使用，带来一定的经济损失时，业主有权对承包商进行索赔，有承包商支付延期竣工违约金。业主在确定这一赔偿金的费率时，一般要考虑以下诸项因素：

（1）继续使用原建筑物或租用其他建筑物的维修费用。

（2）工程拖期带来的附加监理费。

（3）由于工程拖期而引起的投资（或贷款）利息。

（4）工程项目拖期竣工而不能使用，租用其他建筑物时的租赁费。

（5）原计划收入款额的落空部分，如过桥费，高速公路收费，发电站的电费等。

2. 施工缺陷索赔

当承包商的施工质量不符合施工及验收规范的要求，或使用的设备和材料不符合合同规定，或在保修期内未完成应该负责修补的工程时，业主有权向承包商追究责任。

施工缺陷包括的主要内容：

（1）承包商装饰的一部分工程，由于工艺水平差，而出现倾斜、开裂等破损现象。

（2）承包商使用的建筑材料或设备不符合合同条款制定的标准，从而危及建筑物的牢固性。

（3）承包商没有完成按照合同规定的隐含工作等。

（4）承包商负责设计的部分永久工程，虽然经过了工程师的审核同意，但建成后发现了重大失误，影响工程的牢固性。

3. 承包商未履行的保险费用索赔

如果承包商未能按合同条款指定的项目投保，并保证保险有效，业主可以投保并保证保险有效，业主支付的保险费可在支付给承包商的款项中扣回。

常见的由承包商违约引起的反索赔有：

（1）承包商运送自己的施工设备和建筑材料时，损坏了沿途的公路或桥梁，公路交通部门要求修复。

（2）承包商申办的施工保险，如工程一切险、人身事故保险、第三者责任险等，由于过期或失效时，业主重新申办这些保险时产生的一切费用。

（3）由于工伤事故，给业主人员和第三方人员造成的人身或财产损失。

（4）承包商的建筑材料或设备不符合合同要求，需要重复检验时的费用开支。

（5）由于不可原谅的工期延误，引起的在拖期施工时段内的咨询（监理）工程师的服务费用及其他有关开支。

（6）承包商对业主指定的分包商拖欠工程款，长期拒绝支付，指定分包商提出了索赔要求等。

4. 对超额利润的索赔

在实行单价合同的情况下，如果实际工程量比估计工程量增加很多，承包商预期收益增大，业主投资资金过大时，则合同价应由双方讨论调整，业主可收回部分超额利润。

5. 对指定分包商的付款索赔

在承包商未能提供已经向指定分包商付款的合理证明时，业主可以将承包商未付给指定分包商的所有款项付给该分包商，并从应付给承包商的款项中如数扣回。

6. 业主终止合同或承包商不正当地放弃工程的索赔

如果业主合理地终止与承包商的合同关系，或承包商不合理地放弃工程，则业主有权扣回后期的装饰工程款，以及原合同未支付的部分差额。

三、反索赔的基本内容

1. 防止对方提出索赔

要成功地防止对方提出索赔，就应该积极采取防御策略。

（1）严格履行合同中规定的各项义务，防止自己先违约，并通过加强合同管理，使对方找不到索赔的理由和根据，使自己处于不能被索赔的地位。如果合同双方都能很好地履行合同义务，没有损失发生，也没有合同争议，索赔与反索赔从根本上也就不会产生。

（2）如果在工程实施过程中发生了干扰事件，则需要立即着手研究和分析合同依据，收集证据，为提出索赔或反击对手的索赔做好两手准备。

（3）先发制人，首先向对方提出索赔。在实际工作中，发生干扰事件双方都负有责任，双方都负有不可推卸的责任，一时间难以区分责任方。因此，先提出索赔。既可以防止自己因超过索赔时限而失去索赔机会，又可以在本次索赔中获取有利地位，打乱对方的工作步骤，争取索赔主动权，并为索赔问题的最终处理留下一定的余地。

2. 反击或反驳对方的索赔要求

如果对方先提出了索赔要求或索赔报告，则自己一方应采取各种措施来反击或反驳对方的索赔要求。常用的措施有：

（1）抓住对方的失误，直接向对方提出索赔，以对抗或平衡对方的索赔要求，达到最终解决索赔时互作让步或互不支付的目的。如业主常常通过找出工程中的质量问题、工程延期等问题，对承包人处以罚款，以对抗承包人的索赔要求，达到少支付或不支付的目的。

（2）针对对方的索赔报告，进行仔细、认真的研究和分析，找出理由和证据，证明对方索赔要求或索赔报告不符合实际情况与合同规定、没有合同依据或事实证据、索赔值计算不合理或不准确等问题，反击对方不合理的索赔要求或索赔要求中的

不合理部分，推卸或减轻自己的赔偿责任，使自己不受或少受损失。

四、反索赔的方法

向对方的索赔报告进行反驳或反击时，一般可从以下几个方面进行。

1. 索赔意向或报告的时限性

审查对方在干扰事件发生后，是否在合同规定的索赔时限内提出了索赔意向或报告，如果对方未能及时提出书面的索赔意向和报告，则将失去索赔的机会和权利，对方提出的索赔则不能成立。

2. 质疑索赔事件的真实性

索赔必须是真实可靠的事件，符合工程实际状况，不真实、不肯定或仅是猜测，甚至无中生有的事件是不能提出索赔的，索赔自然也就不能成立。

3. 干扰事件原因、责任分析

如果干扰事件确实存在，则需要通过对事件的调查，分析事件产生的原因和责任归属。如果事件责任是由于索赔者自己疏忽大意、管理不善、决策失误，或因其自身应承担的风险等造成，则应由索赔者自己承担损失，索赔不能成立。如果合同双方都有责任，则应按各自的责任大小分担损失。只有确定属于其中一方的责任时，反索赔才能成立。

在装饰工程合同中，业主和承包人都承担着风险，甚至承包人的风险更大一些。凡是属于承包人合同风险的内容，业主一般不会接受这些索赔要求，如一般性天旱或多雨造成的工期延误、一定时期内物价上涨造成装饰工程经费不足等。根据国际惯例，凡是遇到偶然事故影响工程施工时，承包人有责任采取力所能及的一切措施，防止工程事态扩大，尽力挽回损失。如确有事实证明承包人在当时

未采取任何措施，业主可拒绝承包人要求的损失补偿。

4. 分析索赔理由

分析索赔理由就是分析对方的索赔要求是否与合同条款一致，所受损失是否属于由对方的原因所造成。反索赔与索赔一样，要能找到对自己有利的法律条文或合同条款，才能推卸自己的合同责任，或找到对对方不利的法律条文或合同条款，使对方不能推卸或不能全部推卸自己的合同责任，这样可从根本上否定对方的索赔要求，使自己的索赔理由成立。

5. 分析索赔证据

索赔证据分析就是分析对方所提供的证据是否真实、有效、合法，是否能证明索赔要求成立。证据不足、不全、不当，没有法律证明效力或没有证据，索赔是不能成立的。

6. 审核索赔值

如果经过上述的各种分析、评价，仍不能从根本上否定对方的索赔要求，则必须对索赔报告中的索赔值进行认真细致的审核，审核的重点是索赔值的计算方法是否合情合理，各种取费是否合理、适度，有无重复计算，计算结果是否准确等。值得注意的是，索赔值的计算方法多种多样，且无统一的标准，选用一种对自己有利的计算方法，可能会使自己获利不少。因此，审核者不能沿着对方索赔计算的思路去验证其计算是否正确无误，而应该设法寻找一种既合理又对自己有利的计算方法，去反驳对方的索赔计算，剔除其中的不合理部分，减少损失。

综上所述，索赔和反索赔都必须遵循"以事实为依据，以合同为准绳"的原则，离开了这一点，就背离了索赔与反索赔的真正意义。在实际工作中，处理索赔问题时，合同双方不仅要考虑索赔和反索赔本身的合理、合法性，有时可能还需要综合考虑其他因素，如对方目前的财务状况，拒绝该项索赔可能会对工程施工产生的不利影响，索赔处理可能带来的其他衍生问题。因此，索赔和反索赔处理结果都应有利于工程项目总体目标的实现，有助于工程项目的顺利实施和完成，这是合同双方的根本利益所在。

📗 本章小结

如何进行建筑装饰工程合同管理，是施工企业、监理企业的一项重要管理工作，它贯穿于整个装饰工程的全过程。利用相关法律法规来防范合同风险，减少纠纷，保证现场施工有序进行。监理机构在其中扮演着重要角色，参与整个装饰活动的各个流程，因此，监理人员更要熟知合同管理中的工作与细节，才能更好地管理。

📄 课后练习

1. 合同对建筑装饰工程的作用是什么？
2. 什么是招投标？
3. 索赔的方式有哪几种？
4. 建筑装饰工程是否属于合同法的调整范围内？
5. 在建筑装饰项目中，应遵循合同法的哪些原则？
6. 工程签证、设计变更对建筑装饰工程有哪些影响？
7. 如何利用反索赔的方法来保护自身利益？
8. 分析招投标中的违规行为，并思考如何避免这种行为发生。
9. 请简要概述工期索赔与费用索赔的侧重点。
10. 请对最近发生的某一起施工事故进行讨论，合同管理对建筑装饰工程的意义是什么？

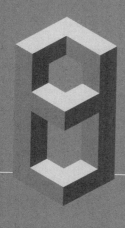

第八章

建筑装饰工程信息管理

PPT 课件

第一节　工程信息管理

一、监理信息管理的主要内容

信息管理就是信息的收集、整理、处理、存储、传递与应用等一系列工作的总称，监理信息管理的目的是通过有组织的信息流通，使各参与建设单位都能及时、准确地获得相应的信息，以指导各自的工作，并作出相应的决策。

监理信息的管理可以说是个系统工程，因为其原始数据来源分散、信息量大、情况复杂，其收集、整理涉及与项目建设有关的各个单位，这需要外部各相关部门的协调一致；就是在监理企业内部，也需要资料员、监理工程师、总监、公司管理人员的密切配合才能做好。

1. 建设单位的信息

建设单位通过召集会议、下发通知、在工地例会上发表意见和各方有关人员谈话等方式传递信息，监理工程师必须及时记录、整理分类并落实，凡函件往来均需签收（发）。

建设单位的信息不仅对指导现场三控工作有实际意义，也反映出对监理工作的评价和意见，监理机构应从中吸取营养，提高服务水平、树立自身良好形象。

2. 施工单位的信息

在建筑装饰现场，施工单位的信息比比皆是，但主要是通过工地例会、监理巡视、旁站、抽检、施工技术资料、各种申报表反映出来。这些信息是三控的基础，而这些信息的收集整理在很大程度上是依靠施工单位的材料员、试验员、资料员、施工员来完成的。

因此，监理工程师进场后必须对他们提出要求，一般情况下，总监理工程师在监理交底时应交代清楚。必须有工作责任心，按要求将施工技术资料和工程进度同步整理好，并及时上报给监理部相关人员审查。

值得注意的是，由于部分施工单位技术力量略显薄弱，往往对资料的整理无法达到规定要求，甚至出现错填、误报、不及时、不闭合等现象。因此，监理工程师应给予适当的帮助。因为在监理资料编制过程中，在一定程度上受施工各单位的资料影响，而在检查、施工资料汇总的过程中，监理工程师在帮助施工单位发现问题、解决问题。所以，必须要求施工单位及时收集、上报施工现场信息，力求做到无遗漏，对资料要仔细检查、签署完整、真实可信、不留隐患。

3. 监理企业信息

监理企业信息是建设监理信息管理中的重点工作，监理企业不但应有专人（兼职也可）负责信息的收集工作，还要保证自上而下或自下而上，以及相关单位之间横向的信息流的通畅。

二、建设监理信息管理的重要性

建设监理信息管理是对工程建设实施三大目标的控制，因此，在装饰工程项目过程中，一切与质量、进度、投资有关的事物的表面特征都构成监理信息。

值得注意的是，不能将监理内业资料等同于监理信息，这种理解十分狭隘。监理信息中，凡能反映发生在施工现场及参建各方（含单位、领导现场人员等）的与本工程有关的事物状况及动态的信息，都应视为监理信息，对它的管理是监理工程师的工作任务之一。

1. 监理信息管理是监理工程师实施控制的基础

控制的主要任务是把计划执行情况与计划目标

进行比较，找出差异，通过对比分析，采取纠偏措施。在这里可以看出，执行情况和计划值都是信息，离开了信息，监理工程师将无法工作。因此，信息是控制的基础，是监理工程师的重要武器。

2. 监理信息管理是监理决策的依据

监理决策是否正确，取决于各种因素，其中最重要的因素之一就是信息。如果没有可靠、全面的信息作为决策依据，正确的决策往往很难得出。例如，对承包单位的支付决策，监理工程师也只有在了解有关承包合同的规定及施工的实际情况等信息后，才能决定是否支付等。由此可见，信息是监理决策的重要依据。

3. 监理信息管理是协调工程建设各参与方的媒介

建筑装饰工程涉及众多的单位，而信息是连接众多参与单位的核心枢纽，用信息将其组织起来。因此，信息有利于协调各参与方之间的关系，有利于监理工程师开展监理工作。总而言之，建设监理信息渗透到监理工作的每一方面，它是监理工作不可缺少的要素。

🅡 补充要点

建筑装饰资料员

1. 主要负责工程装饰资料，负责按工程进度同步收集、整理施工技术资料，并按国家规定编目、建档。负责编制施工技术资料，确保资料的真实性、完整性和有效性，施工技术资料的归档和移交，做好施工技术资料的管理工作。
2. 贯彻执行公司文件和资料的有关管理办法，保证本单位、部门文件和资料管理有序。负责本单位、部门文件和资料的发放、回收、借阅、传阅工作，并及时传达。建立健全文件和资料有效控制和各种记录，防止文件和资料损坏、丢失。
3. 协助配合部门工作人员进行相关事务性工作。完成领导交办的其他工作。

三、信息管理的主要方法

1. 建立计算机信息动态管理系统进行信息管理

根据建筑装饰项目进展的需要，配置足够的计算机及网络传输设备与计算机专业人才。同时，项目监理部运用计算机进行文档管理，基本实现信息管理自动化。

2. 通过建立完善的信息、档案管理制度进行信息管理

设置专职资料档案管理人员，负责项目档案资料的收集、编目、分类、整理、归档。资料归档管理按国家档案管理制度执行。

3. 建立文件传递程序、搜集和整理制度进行信息管理

首先，在文件编制、编号、登记、收发制度上，有明确规定的，力求做到体系化、规范化、标准化。

其次，信息搜集内容应包括必要的录像、摄影、音响等信息资料，重要部分刻盘保存。及时准确地收集、传递、反馈各类工程信息；审核原始工程信息的真实性、可靠性、准确性和完整性。

四、信息管理的现状

1. 信息管理的局限性

目前，计算机在我国工程管理企业中，具有

明显的局限性，主要表现在工程管理部门使用的软件大多是单机软件。单机操作虽然具有计算速度快等优势，但无法实现信息共享与自动传递的功能，无法远程同步；由于信息管理技术易受多种因素影响，导致在工程管理上无法充分发挥自身的作用。

因此，许多工程管理企业无法体验搭配计算机信息化管理带来的便利性，如网上招标、项目管理、材料采购、信息发布、信息交换等。大多数工程管理企业以信息发布为主，缺少工具类网络软件与信息互动。大多数企业没有开展电子商务活动，大多数只是购买相关的软件，没有对软件进行二次开发，造成软件适应性不强。

2. 信息管理的误区

建筑工程管理存在信息化误区，大部分工程的业主方、设计施工方和监理方以为只要有了计算机和局域网就实现了信息化管理，但在实际的交流沟通中，信息交换依然基于纸介质来进行，并没有因为信息化的推进而改变。信息管理模式必须以信息数字化为主要前提，信息交换必须基于电子介质或网络来进行，并存储在电子介质中。现今情况下的信息管理技术阶段只是为工程管理提供了工具而已，并没有从根本上带来管理工作模式的信息化改变。

3. 应用范围较窄

工程管理中的计算机信息管理存在着一定的狭窄性，工程项目管理主要靠管理人员的经验和处理能力，跟不上当前信息化的管理体制。其次，工程管理的信息管理主要集中在项目施工的前期，如招投标、工程造价预算、工程设计及施工组织设计，而在施工过程中的进度、质量、成本控制方面的应用较少。

五、规范工程项目信息管理

1. 完善建筑工程管理相关法律法规

首先，各个地区政府应积极出台相关政策，强

化专业工程项目信息管理，硬性规定管理的范围，加强项目管理企业的专业化和职业化，从而确保建筑工程项目的管理工作逐渐规范化、科学化；其次，国家应该给予积极的响应和支持，积极商讨和出台新的相关法律法规，并确保其能够有效实施和落实，为工程管理质量的提高，提供逐步完善的法律法规。

2. 提高员工的综合素质

建筑施工企业应当定期或者不定期的组织员工培训，全面提升员工的职业素养。此外，还应做好技术交底工作，在分项工程每一道工序开始施工之前，工程的项目部负责人应积极参与技术交底和安全交底工作，对图纸设计、施工程序及成品保护、程序的交叉配合，都必须进行详细的交底。交底的内容主要包括设计变更、质量标准、施工方案、规范要求、技术安全措施等，使全体施工人员均可以了解与掌握相关要求和技术，同时做好交底记录。

3. 完善进度协调工作

对建设单位、承包单位、分包单位，以及所有参与装饰工程建设的单位或团体进行协调，加强彼此之间的关系。无论在时间上还是空间上，都要进行协调配合，这是建筑装饰工程中十分关键的因素，由于各个施工环节之间相互制约、相互影响，一旦某个环节出现问题，将会导致其他项目难以进行。因此，一定要加强对所有单个项目工程内部的施工关系的协调，只有这样才能有效维持工程建设顺序，确保工程如期完成。

4. 对原材料的质量控制

对建筑材料的质量控制应采用"三把关，四检验"的制度，即对材料供应人员、技术质量检验人员、操作使用人员把关；检验规格、检验品种、检验质量、检验数量。

六、监理信息分类

监理信息分类如表8-1所示。

表 8-1

监理信息分类表

类型	内容
投资控制信息	概（预）算定额、建设项目投资估算、各种投资估算指标、类似工程造价、物价指数、设计概预算、合同价、工程进度款支付单、竣工结算与决算、原材料价格、机械台班费、人工费、运输费、投资控制的风险分析等
质量控制信息	国家有关的质量政策及质量标准、项目建设标准、质量目标的分解结果、质量控制工作流程、质量控制工作制度、质量控制的风险分析、质量抽样检查结果等
进度控制信息	工期定额、项目总进度计划、进度目标分解结果、进度控制工作流程、进度控制工作制度、进度控制的风险分析、施工进度记录等
合同管理信息	国家有关法律规定、施工合同管理办法、监理合同、设计合同、施工承包合同、工程施工合同条件、合同变更协议、建设工程中标通知书、投标书和招标文件，以及施工过程中形成的合同补充文件
行政管理信息	上级主管部门、设计单位、承包单位、业主的来函文件、有关技术资料等

R 补充要点

信息管理对建设工程的重要作用

1. 提高工作效率，缩短企业活动时间。企业的计算机信息网络促进了企业各项内部信息交流，同时也扩大了企业的横向交流。随着各部门和各业务环节间信息交流量的不断增加，信息管理的有效应用，不仅优化了业务流程，也加快了中小企业专业化进程的发展。

2. 信息技术的广泛应用，促进企业组织结构变革。随着信息技术在企业中的广泛应用，实行信息的分散处理和自主管理，成了信息技术发展的普遍要求，使企业根据其管理目标进行决策，提高了企业应变能力。

3. 精简企业结构，提高管理效率。信息网络技术的广泛应用，使企业内部形成了纵横交错的信息管理网，精简了企业的组织结构，使企业的管理效率得到了显著的提高，有效推动了企业对新型项目管理模式的发展。

　　目前，建筑工程企业都开始广泛使用计算机来进行项目管理的可行性研究，施工阶段的目标管理、财务管理、合同管理、文件管理等方方面面的管理控制等工作，良好的信息管理不仅能够保证企业的管理效益，更降低了管理工作的成本，使企业的工程项目管理工作变得更加具有系统性，进而提高了企业的效益。

七、装饰工程信息管理（图8-1）

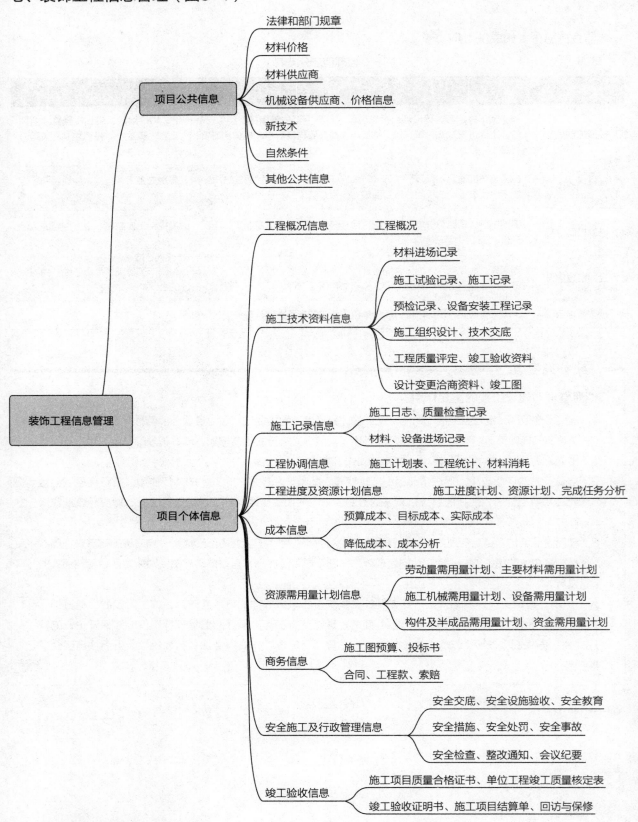

图 8-1　装饰工程信息管理

第二节　监理文件档案资料管理

在施工阶段，监理资料是监理工程师进行"三控制、两管理、一协调"活动的记录。通俗来讲，监理资料是监理工作的载体，它不仅是监理企业核定工程质量等级、工程延期、索赔、处理安全事故、分析事故原因及追究责任的重要凭证；还是工程技术人员和各有关部门（如建设单位、审计部门、监督部门等）实施工程管理的重要依据。

因此，在进行监理文件资料的管理上，必须按照国家和地方的有关建筑法规、规范和技术标准收集、填写、整理、编制、归档。由此可以看出，这一项管理工作十分细致、严谨。其中，监理企业的技术负责人对工程监理资料的总体质量负领导责任。监理资料要做到齐全、准确、真实、可信，使监理资料成为监理企业甚至建筑行业的一笔资源财富。

一、工程监理资料的相关规定

（1）监理资料必须真实完整、分类有序。

（2）监理资料的管理应由总监理工程师负责，并指定专人具体实施（工程较小时，可由监理工程师兼任），项目总监理工程师应对工程监理资料的总体质量负直接责任。

（3）监理资料应在各阶段监理工作结束后及时整理归档。

（4）监理档案的编制及保存应按有关规定执行。监理资料的组卷及归档，各地区、各部门有不同的要求。各监理企业的技术负责人（部门）根据本单位的情况，制定监理资料管理方式。项目监理部应与建设单位取得共识，以使资料管理符合有关规定和要求。

二、项目监理部的工作

1. 采用计算机管理资料

监理资料为监理工作提供了有效、及时的服务，在监理资料管理开始时，应利用计算机进行储存、加工、传递，这是反映监理工作水平的关键之一。利用现有软件管理资料，是监理工程师的基本职能。而对于一些管理能力强的监理企业或个人，开发新的信息管理软件、利用网络技术进行信息管理也是有效管理措施之一。因为监理资料的整编与管理和计算机技术信息化相结合，是发展监理事业的必经之路。

2. 严谨务实的工作理念

监理工程师要有科学、严谨、务实的工作作风，对自己的本职工作不拖沓，对自己经手的任何资料都应及时整理，保证监理项目的真实性，不能随意修改、事后补录、作假等行为。如果因为这类行为造成工程失控或建设单位的损失，监理工程师应承担行政责任甚至法律责任。

3. 保密原则

在监理工程中，监理工程师应具有保密意识，对监理资料进行保密，不得有擅自将资料外借、复印等行为。在装饰工程竣工验收之前，一切监理资料的所有权均属于建设单位，未经建设单位同意，私自泄露资料信息属于侵权行为。如监理工程师发表科技论文需用有关项目的数据等资料，必须征得建设单位同意。按目前约定俗成习惯，监理期间的保密期为工程竣工后两年。

三、监理资料性质及分类

施工阶段的监理资料内容及性质如表8-2所示：

表 8-2   监理资料的性质与分类

序号	监理资料	性质
1	施工合同文件及委托监理合同	这是监理工作的依据，应由建设单位无偿提供（数量在委托监理合同中约定），项目监理部应予以保管
2	勘察设计文件	
3	监理规划	应在监理部进场后一个月内编制完成，上交建设单位
4	监理实施细则	
5	分包单位资格报审表	这是监理部进场后应立即做的工作记载，既起到预先控制作用，又是开工前准备阶段的监理实务
6	设计交底与图纸会审会议纪要	
7	施工组织设计（方案）报审表	
8	测量核验资料	
9	工程开工、复工报审表、工程暂停令	
10	工程进度计划	
11	工程材料、构配件、设备的质量证明文件	这是施工阶段质量、进度、投资的事中控制记载，是监理工程师最主要的工作内容；同时也是施工方报审、监理工程师或总监审批的文件，应该与工程的实际进度同步完成，并分类编码存档保存
12	检查试验资料	
13	工程变更资料	
14	隐蔽工程验收资料	
15	报验申请表	
16	分部工程、单位工程等验收资料	
17	质量缺陷与事故的处理文件	
18	工程计量单和工程款支付证书	
19	索赔文件资料	
20	竣工结算审核意见书	这是竣工后关于质量和投资的结论性资料，要按上级有关部门（如审计、质量监督）的要求格式填报，后一项监理总结是监理公司上交建设单位的资料
21	工程项目施工阶段质量评估报告等专题报告	
22	监理工作总结	
23	会议纪要	这四项资料是监理部经常性的内业工作记载文件，没有统一的格式，但有规定的内容要求。会议纪要要按不同的类型由不同的主持人签发，注意做到与会各单位负责人签字
24	来往函件	
25	监理日记	
26	监理月报	
27	监理工程师通知单	这两项资料既是监理工程师工作的记载，又是其工作手段。通知单仅对施工方使用，当施工过程中在质量与进度方面出现问题，且经口头提出未见效果需要引起施工方格外注意的情况下应发出监理通知；工作联系单可用于与业主或其他相关单位（设计、质量监督等）联系工作的记载形式，监理工程师应注意行文格式正确、语句通畅、言简意赅
28	监理工作联系单	

四、建筑装饰项目的施工管理

1. 计划职能

装饰工程项目的各项工作都要以计划为依据，项目计划是工程实施的指导性文件。可以理解为计划是龙头，计划即管理。监理企业要筹划安排工程项目的预期目标，对工程项目的全过程、全部目标和全部活动全部纳入计划轨道，用一个动态的可分解计划系统来协调控制整个项目。

2. 协调职能

监理企业要在项目的不同阶段、不同环节，与相关部门进行协调，虽然不同管理层都有各自的管理内容和管理办法，但他们之间的结合部往往是管理最薄弱的地方。因此，通过有效沟通和协调，使监理企业在不同阶段、不同环节、不同层次之间实现目标一致，达到时间、空间和资源利用之间的高度统一。

3. 组织职能

组织职能表现在明确部门分工、职责、职权的基础上，监理企业应建立有效的规章制度，使项目的各阶段、各环节都有人负责，形成一个高效的组织保证体系。

4. 控制职能

控制职能主要体现在目标的提出和检查、职能的分解，各种规范的贯彻执行及实施中的反馈和改进。

5. 监督职能

监理企业应依据项目的计划、规章规范、合同要求等，对项目的进度、质量等进行监督，确保项目的顺利运行并达到预期目标。

五、信息管理制度

1. 确定监理信息流程

为了保证监理工作顺利进行，使监理信息在工程项目管理的上下级之间、内部组织与外部环境之间流动，在第一次工地会议上，项目总监将明确工程项目信息传递程序，对各种类型的信息的传递过程，项目监理部以发文的形式传达到与项目有关的各方。监理工程的信息结构如图8-2所示。

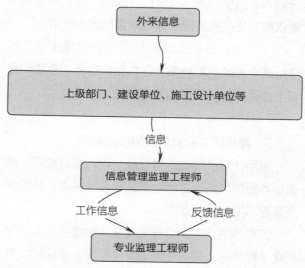

图8-2 信息结构关系图

2. 信息管理组织制度

监理企业应建立健全信息管理制度，并明确机构内各监理人员的分工职责，将责任落实到个人，有利于信息管理工作的展开。

（1）监理信息管理人员负责工程施工信息收集、整理、保管。

（2）总监理工程师定期组织工地会议或监理工作会议，监理信息管理人员负责整理会议记录。

（3）专业监理工程师定期或不定期检查承包商的原材料、构配件、设备的质量状态以及工程实物量和工程质量的验收签认，并督促检查承包商及时整理施工技术文件。

（4）随时向总监理工程师报告工作，并准确及时地提供有关资料。

（5）对监理过程中应形成的各类监理控制资料（如各类报验单）及时掌握，并检查其规范性、完整性。

（6）每日填写监理日志，如实记录施工情况；每周召开工程例会，及时做出会议纪要，针对专项问题召开的会议做出专项纪要；对调查处理性的问题整理出专题资料。

（7）建立计算机辅助管理系统，利用计算机进行辅助管理，对各类施工与监理信息有选择地进行输入、整理、储存与分析，提供评估、筹划与决策依据，为提高监理工作地质量和效率服务。

（8）做好各项监理资料的日常管理工作，逐步形成完整的监理档案，在内容和形式、质量和数量上都达到有关规定的要求实施。

3. 通过建立计算机网络管理系统

采用计算机辅助信息管理，并利用局域网，使监理项目部与监理企业内部实现信息共享，从而提高管理水平与工作效率。

计算机的应用使监理工作在一定程度上更加规范化、程序化，相对于纸质文件档案，将监理文件存储于计算机软件中，纳入信息管理系统，统一分类、编号、查询，调档十分方便。提高了文件、资料管理的自动化程序。定期向建设单位汇报工作情况，帮助建设单位全面了解整个装饰工程的进展，有利于增强建设方对监理方的信任。监理工作中的信息不但量大，而且分类复杂，利用计算机进行项目管理，是现代项目管理的必须手段。

4. 监理信息的加工整理

为了有效控制工程建设的投资、进度和质量目标，在全面、系统收集监理信息的基础上，加工整理收集来的信息资料。通过对信息资料的加工整理，一方面，可以掌握工程建设实施过程中各方面的进展情况；另一方面，借助计算机监理软件，预测工程建设未来的进展状况，从而为监理工程师做出正确的决策提供可靠的依据。

在建设项目的施工过程中，监理工程师加工整理的监理信息主要有以下几个方面：

（1）工程施工进展情况。监理工程师每月、每季度都要对工程进展进行分析，对比并做出综合评价，包括当月（季）整个工程的实际完成量，实际完成数量与合同计划量之间的比较。如果某些工作的进度拖后，分析其原因、存在的主要困难和问题，并提出解决问题的建议。

（2）工程质量情况与问题。监理工程师系统地将当月（季）施工过程中各种质量情况，在月报（季报）中进行归纳和评价，包括现场监理检查中发现的各种问题、施工中出现的重大事故，对各种情况、问题、事故的处理意见。在必要的情况下，可定期印发专门的质量情况报告。

（3）工程结算情况。工程价款结算一般按月进行，监理工程师对投资耗费情况进行统计分析，在统计分析的基础上作一些短期预测，方便业主在组织资金方面的决策提供可靠依据。

（4）施工索赔情况。在工程施工过程中，由于业主的原因或外界客观条件的影响使承包单位遭受损失，承包单位提出索赔；或由于承包单位违约使工程受到损失，业主提出索赔，监理工程师提出索赔处理意见。

5. 监理信息的存储、检索和传递

（1）存储。为了便于管理和使用监理信息，在监理组织内部建立完善的信息资料存储制度，将各种资料按不同的类别，进行详细的登录、存放和放入计算机信息库。

（2）检索。无论是存储在档案库还是存储在计算机中的信息资料，为了查找方便，在建库时拟定一套科学的查找方法和手段，做好分类编目工作。完善健全的检索系统可以使报表、文件、资料、人事和技术档案既保存完好，又查找方便。建立完善的计算机网络系统，丰富的工程数据。一般大型的建筑装饰工程中，监理项目部都建立了信息管理机构，并配用先进的计算机系统，负责工程

信息收集、传递。同时利用各个工具软件如"梦龙""神机妙算"等软件系统对工程的进度、投资、质量进行管理。

（3）传递。信息的传递就是工程建设各参与单位、部门之间交流、交换工程建设监理信息的过程。监理部门通过计算机网络系统传递各类信息，加上文件资料人工传递双重通道，确保信息流渠道畅通无阻，只有这样才能保证监理工程师及时得到完整、准确的信息，为监理工程师的科学决策提供可靠支持。

6. 监理信息的使用

经过加工处理的信息，及时放入计算机网络共享数据库，便于访问检阅，同时整理编码归档。

---

⑤ 本章小结

建筑装饰信息管理是对装饰工程中各个环节的管理活动，是监理工程师控制装饰施工的重要举措，而装饰工程信息管理的水平，很大程度上体现了整个监理活动的水平高低，基于这一点，在监理工作中，做好信息管理工作，相对应控制好各项施工管理，有利于达到装饰工程的预期目标。

P 课后练习

1. 装饰工程中的监理信息可分为哪几类？
2. 监理信息管理的主要内容分为哪几个方面？
3. 信息管理的方式有哪些？
4. 请简述监理信息管理的流程。
5. 如何理解监理信息中的保密原则？
6. 如何理解信息管理对监理工作的直观性作用？
7. 如何看待目前信息管理中的局限性？
8. 目前市面上的信息管理软件的优势与缺陷是什么？
9. 浅谈信息管理的现状与未来的发展趋势。
10. 提出信息管理的建设性意见，要求公正客观。

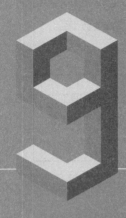

第九章

建筑装饰工程资料编写

PPT 课件

» **学习难度：** ★ ★ ★ ★ ☆

» **重点概念：** 监理规划、会议纪要、监理大纲、监理实施细则

» **章节导读：** 建筑装饰施工过程中，形成了大量的工程资料，这些资料具有重要的价值。因此，在工程资料编写与管理上，需要注意编写资料的格式、内容、要求，以及编写要点。建筑装饰资料是整个装饰工程的结晶，让之后的施工与检验有据可依。同时，资料的管理也十分重要，对于一些不可复印的资料文件，应当仔细收藏。

第一节 项目监理规划性文件

一、建设工程监理大纲

1. 概念

建设工程监理规划性文件是指监理企业投标时编制的监理大纲、监理合同签订以后编制的监理规划和各专业监理工程师编制的监理实施细则。从编制的时间来看，首先编制建设工程监理大纲，在大纲的基础上编制监理规划，再在监理规划的基础上编制监理实施细则。

监理大纲又称监理方案，它是监理企业在业主开始委托监理的过程中，特别是在业主进行监理招标的过程中，为承揽到监理业务而编写的监理方案性文件。

2. 作用

（1）使业主认可监理大纲中的监理方案，从而承揽到监理业务。

（2）为监理企业对所承揽的监理项目在以后开展监理工作制定基本方案，也是作为制定监理规划的基础。

3. 编制要求

（1）监理大纲是监理企业投标时编制的，应当根据业主发布的监理招标文件、设计文件以及业主的要求编制。

（2）监理大纲的编制要体现企业自身的管理水平、技术装备等实际情况，编制的监理方案既要满足最大可能的中标，又要建立在合理、可行的基础上。

4. 编制人

为使监理大纲的内容和监理实施过程紧密结合，监理大纲的编制人员应当是监理企业经营部门或技术管理部门人员，也应包括拟定的总监理工程师。这样有利于总监理工程师在日后的工作中主持编制监理规划，更好地实施监理工作。

5. 主要描述内容

（1）人员及资质。

（2）拟采用的监理方案。

（3）明确说明将提供给业主的、反映监理阶段性成果的文件。

（4）监理企业工作业绩。

（5）拟投入的监理设施。

（6）监理酬金报价。

6. 编制内容及

（1）工程项目概况。

（2）工程项目监理范围。

（3）监理工作依据。

（4）监理工作目标。

（5）监理工作内容。

（6）项目监理组织机构的组织形式。

（7）项目监理机构。

（8）监理工作制度。

（9）监理报告目录。

二、建设工程监理规划

1. 概念

监理规划是监理企业接受业主委托并签订委托监理合同后，在项目总监理工程师的主持下，根据委托监理合同，在监理大纲的基础上，结合工程的具体情况，广泛收集工程信息资料的情况下制定，经监理企业技术负责人批准，用来指导项目监理机构全面开展监理工作的指导性文件。

2. 监理规划的作用

（1）指导监理企业项目监理组织全面开展监理工作。建设工程监理的中心任务是协助业主实现建设工程的总目标。监理规划是项目监理组织实施监理活动的行动纲领。

（2）监理规划是工程建设监理主管机构对监理实施监督管理的重要依据。

工程建设监理主管机构对社会上的所有监理企业以及监理活动都要实施监督、管理和指导。这些监督管理工作主要包括两个方面：一是一般性的资质管理，即对监理企业的管理水平、人员素质、专业配套和建设工程监理业绩等进行核查和考评，以确认它的资质和资质等级，以使我国整个建设工程监理行业能够达到应有的水平；二是通过监理企业的实际工作来认定它的水平和规范化程度，而监理企业的实际水平和规范化程度可从监理规划和它的实施中充分地表现出来。

（3）监理规划是业主确认监理企业是否全面、认真履行工程建设监理委托合同的重要依据。

（4）监理规划是重要的存档资料。监理规划的基本作用是指导项目监理组织全面开展监理工作，它的内容随着工程的进展而逐步调整、补充和完善，它在一定程度上真实地反映了项目监理的全貌，是监理过程的综合性记录。

（5）监理规划促进工程项目管理过程中承包单位与监理企业之间的协调工作。

3. 监理规划的编制要求

（1）基本构成内容应当力求统一。监理规划作为指导项目监理组织全面开展监理工作的指导性文件，在总体内容组成上应力求统一。这是监理工作规范化、制度化、科学化、统一化的要求。

（2）具体内容应具有针对性。

（3）监理规划应遵循建设工程的运行规律。

（4）项目总监理工程师是监理规划编写的主持人。

（5）监理规划一般要分阶段编写。

（6）监理规划的表达方式应格式化、标准化。

（7）监理规划应经过审核。

4. 监理规划的编制程序

（1）签订委托监理合同及收到设计文件后开始编制。

（2）总监主持，组织编写班子，专业监理工程师参与。

（3）分析监理委托合同、领会监理大纲。

（4）研究监理项目实际情况。

（5）分工起草，专业监理工程师参与讨论并负责本专业内的大纲编写。

（6）总监签署后报监理企业技术负责人审核批准。

（7）在召开第一次工地会议前报送建设单位。

（8）监理规划的修改。总监理工程师组织专业监理工程师研究修改，按原报审程序经过批准后报建设单位。

5. 监理规划的编制依据（表9-1）

监理规划总涉全局，其编制既要考虑工程的实际特点，考虑国家的法律、法规、规范，又要体现监理合同对监理的要求和施工承包合同对承包商的要求，所以必须根据监理合同和监理项目的实际情况来编制。编制前应收集工程项目和其他有关资料，这样才能使编制的监理规划详细而符合实际，从而正确地指导监理工作的实施。

表 9-1　　　　　　　　　　　　　　　监理规划的编制依据

编制依据		资料名称
反映项目特征的资料	设计监理阶段	可行性研究报告；项目立项批文；规划红线范围；用地许可证；设计通知书；地形图
	施工监理阶段	设计图纸；施工说明书；地形图
反映业主对项目要求的资料	监理委托合同	

续表

编制依据	资料名称
项目建设条件	当地气象资料与地质水文资料；当地建筑供应状况资料；当地勘测设计与土建安装资料、当地交通、能源资料
反映当地建筑工程政策、法规方面的资料	建设工程从程序；招投标和建设监理制度；工程造价管理制度
建设规范、标准	包括勘测、设计、施工、质量评定等方面的规范与标准
其他工程建设合同	业主的权利与义务；承建单位的权利与义务
工程实施过程输出的有关工程信息	方案设计、初步设计、施工图设计；工程实施状况；工程招标投标状况；重大工程变更；外部环境变化
项目监理大纲	项目监理组织计划；拟投入主要监理人员；投资、进度、质量控制方案；信息管理方案；合同管理方案；监理工程阶段性成果

6. 监理规划的主要内容

监理规划是监理企业如何实现项目目标管理的一份内部文件。监理规划的主要内容如下：

（1）建设工程的名称。

（2）建设工程的地点。

（3）建设工程的组成及建筑规模。

（4）主要建筑的结构类型。

（5）预计工程投资总额。

①建设工程投资总额；

②建设工程投资组成简表。

（6）建设工程计划工期。

①以建设工程的计划持续时间表示，如建设工程计划工期为"××个月"或"××天"。

②以建设工程的具体日历时间表示，如建设工程计划工期自"××年××月至××年××月××日"。

（7）工程质量要求。

（8）建设工程设计单位及施工单位名称。

（9）建设工程项目结构图与编码系统。

三、建设工程监理实施细则

1. 概念

建设工程监理实施细则又称为监理细则，其与监理规划的关系可以比作施工图设计与初步设计的关系。也就是说，监理实施细则是在监理规划的基础上，由项目监理机构的专业监理工程师针对建设工程中某一专业或某一方面的监理工作编写，并经总监理工程师批准实施的操作性文件。

2. 作用

监理细则是在各专业监理工作实施前完成，在完善项目监理组织、落实监理责任制后制定的文件。

其目的是指导实施各项监理专业作业，表明监理企业在工程监理的各阶段，包括设计、招投标、施工等阶段如何进行进度控制、投资控制、质量控制、合同管理、信息管理和组织协调等工作，以便使监理业务能够顺利开展。具体作用如下图所示：

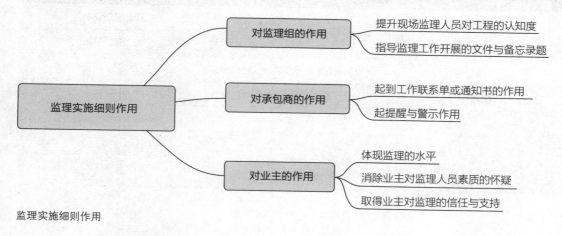

监理实施细则作用

3. 编制要求

对中型及以上或专业性较强的工程项目，应编制监理实施细则。监理实施细则应符合监理规划的要求，并应结合工程项目的专业特点，做到详细具体、具有可操作性。监理实施细则的编制程序与依据应符合下列规定：

（1）监理实施细则应由专业监理工程师编制。

（2）监理实施细则应在相应工程施工开始前编制完成。

（3）必须经总监理工程师批准。

（4）在监理工作实施过程中，监理实施细则应根据实际情况进行补充、修改和完善。

4. 编制依据

（1）监理规划。

（2）专业工程承包合同及监理委托合同。

（3）专业设计图纸。

（4）经批准的施工组织设计。

（5）专业工程的施工规范及质量标准。

（6）专业工程设备、材料技术说明书及使用说明书。

5. 编写内容

（1）专业工程概况，主要叙述该专业工程的规模、特点、重点、难点。

（2）专业工程监理细则编制依据，一般只需列出依据的名称即可。

①监理规划。

②专业工程设计图纸。

③专业工程施工组织设计。

④专业工程承包合同、监理委托合同。

⑤相关专业规范和标准。

⑥专业工程设备、材料技术说明书和使用说明书。

（3）专业工程特定的监理工作程序、工作制度、工作内容、工作方法等。

（4）专业工程监理人员的配备、分工及职责等。

（5）专业工程执行的技术标准与数据。

（6）专业工程的分部、分项工程验收表格及隐蔽工程验收表格。

（7）专业工程实施旁站监理的计划。

（8）本专业工程与其他专业工程的配合、协调。

（9）专业工程进度控制。

（10）专业工程投资控制。

（11）专业工程安全控制。

（12）本专业工程的质量验收程序和制度。

四、监理大纲、监理规划、监理实施细则三者的关系（表9-2）

表9-2　　　　　　　　　　　　监理大纲、监理规划、监理实施细则三者的关系

名称	监理大纲	监理规划	监理实施细则
编制时间	监理发包阶段	监理合同签订后	监理规划编制后
编制目的	承揽业务	宏观指导	微观指导
编制人员	企业管理层	总监主持、专业监理工程师参加	监理工程师
主要依据	监理招标文件	监理合同及监理大纲	监理规划
编制深度	较浅	全面	具体
内容	为什么做（重点） 做什么（一般）	做什么（重点） 如何做（重点） 为什么做（一般）	如何做（重点） 做什么（一般）

ℝ 补充要点

监理大纲、监理规划、监理实施细则三者的区别

1. 意义和性质不同

　　监理大纲：监理大纲是社会监理单位为了获得监理任务，在投标阶段编制的项目监理方案性文件，也称监理方案。

　　监理规划：监理规划是在监理委托合同签订后，在项目总监理工程师的主持下，按合同要求，结合项目的具体情况制定的指导监理工作开展的纲领性文件。

　　监理实施细则：监理实施细则是在监理规划指导下，项目监理组织的各专业监理的责任落实后，由专业监理工程师针对项目具体情况制定的具有实施性和可操作性的业务文件。

2. 编制对象不同

　　监理大纲：以项目整体监理为对象。

　　监理规划：以项目整体监理为对象。

　　监理实施细则：以某项专业具体监理工作为对象。

3. 编制阶段不同

　　监理大纲：在监理招标阶段编制。

　　监理规划：在监理委托合同签订后编制。

　　监理实施细则：在监理规划编制后编制。

4. 目的和作用不同

　　监理大纲：目的是使业主信服采用本监理单位制定的监理大纲，能够实现业主的投资目标和建设意图，从而在竞争中获得监理任务。其作用是为社会监理单位经营目标服务的。

　　监理规划：目的是指导监理工作顺利开展，起着指导项目监理班子内部自身业务工作的作用。

　　监理实施细则：目的是使各项监理工作能够具体实施，起到具体指导监理实务作业的作用。

第二节　监理日志

一、主要表现

监理日志是监理工程师实施监理活动的原始记录，是执行监理委托合同、编制监理竣工文件和处理索赔、工程延期、设计变更的重要资料；是分析工程质量问题最原始、最可靠的材料；是工程监理档案的最基本的组成部分。它对监理工作的重要性体现在以下几个方面：

首先，在日常管理活动方面。监理日志是监理公司、监理工程师工作内容、效果的重要外在表现；管理部门也可以通过监理日志的记录内容了解监理公司的日常管理活动。

其次，为监理工程师或总监的重要决定提供依据。通过监理日志，监理工程师可以对一些质量问题和一些重要事件进行准确追溯和定位。

再次，监理日志是监理项目部和监理企业用于检查、评价监理工程师日常工作的重要依据之一。同时，监理日志需要正确反映工程建设过程中监理人员参与工程投资、进度、质量、合同管理及现场协调的实际情况，尤其是施工中存在的安全、质量隐患和对承包商的重要建议、要求等。

最后，监理日志是记录项目管理过程中施工质量、安全、费用、工期等各方面最原始、最可靠的资料，因此，监理部门需要妥善保管监理日志，尤其是在发生有工程延期、索赔、结算的纠纷或法律诉讼的时候将成为最主要的举证资料。因此，除总监授权和主管部门调阅外，即使是建设单位也通常只能查阅，不能复印和拍照，监理部门也不允许将监理日志提供给任何第三方（包括但不限于承包商）使用，以免影响监理工作的公平、公正及其独立性。

二、记录内容

监理日志的记录内容应包括以下几点。

（1）日期、天气。

（2）单位工程、分部工程开工、完工时间及施工情况。

（3）承包商的组织机构、人员动态。

（4）承包商主要材料、设备进场及使用情况。

（5）监理单位对不同问题的处理。

（6）分项、分部、单位工程的验收情况。

（7）记录工程中存在的影响工程质量、进度、造价、安全的各类问题及解决情况，合同、住处管理情况，监理会议、考察、抽检等活动情况。

（8）审阅记录。

（9）关键时间和位置的记录。

三、监理月报

监理月报是每月工程进展和三大目标控制情况的汇总，要按期交付建设单位。按常规施工月自当月26日起到下月25日止，月报应在下月5日前交建设单位，同时监理企业应保存一份。监理规范的编制有如下规定。

1．编制

编制人应由总监理工程师组织各专业监理工程师编制，最后审定、签字后报建设单位和本监理企业。

2．月报内容

（1）本月工程概况及形象进度。

（2）工程进度。

①本月实际完成情况与计划进度比较。

②对进度完成情况及采取措施效果的分析。

（3）工程质量。

①本月工程质量情况及其分析，含材料、分项工程报验、各种试验报表。

②本月采取的工程质量措施及效果。

（4）工程计量与工程款支付。

①工程量审核情况。

②工程款审批及支付情况，含当月及累计的支付表。

③本月采取的措施及效果分析。

（5）合同其他事项的处理情况。

①工程变更。

②工程延期。

③费用索赔。

（6）监理工作小结。

①对本月进度、质量、工程款支付等各方面情况及监理工作的综合评价。

②有关本工程的意见和建议及下月监理工作的重点。

监理月报是反映监理部工作水平的载体之一，起到通过阅读月报就能想出工程面貌的作用。总监理工程师应下功夫组织好月报的编制，各专业监理工程师将本专业三大控制素材汇总后，总监理工程师应亲自动手编辑及审定，尤其对工作小结及下月工作重点应认真编写。

四、监理日志编写格式（表9-3）

表 9-3　　　　　　　　　　　　　　监理日志范本

工程项目名称						
天气情况	最高气温		最低气温		气候	阴□　晴□　雨□　雪□
施工部位、内容：						
施工质量检查情况：						
施工作业中存在的问题与处理情况：						
施工材料、机械设备的运行状态：						
其他（备注）：						
日期：				记录人		

第三节　建筑装饰工程监理工作总结

一、工程概况

简要介绍该建筑装饰工程项目的情况，对建筑装饰工程的建筑单位、施工单位、设计单位、工程所在地点进行详细书写。

二、监理概况

装饰工程监理工作总结的质量控制、进度控制和投资控制及安全、文明施工监理，相关内容供以参考。

1. 质量控制

坚持装饰施工质量标准，严格检查，以预防为主，加强工序质量控制。按照装饰质量控制监理程序，依据本专业工程相关的标准、设计文件和技术资料，以及监理规划和施工组织设计，采取各种监理措施，确保了工程质量监理目标的实现。

（1）在施工过程中，监理部严格按照设计图纸要求、《施工组织设计》《监理细则》开展监理工作，确保监理工作有效开展。严格审查了施工单位的《施工组织设计》及质量保证措施，确保了施工方案的合理性和质量保证措施的可操作性。组织专业监理工程师编制了《监理规划》《旁站监理方案》《钻孔灌注桩监理细则》《主体工程监理细则》《测量工程监理细则》《电梯施工监理细则》《装饰工程监理细则》《电气施工监理细则》《防水工程监理细则》《消防施工监理细则》《给排水施工监理细则》《空调通风工程监理细则》《安全文明监理实施细则》等。

（2）严格审查施工单位质量保证体系和管理体系。坚持持证上岗的工作原则，对主要的技术人员与特殊工种的工人要认真检查工作证件，督促施工单位做好内部技术交底，保证质量管理全面实施。

（3）严格检查工程使用材料，杜绝"偷工减料"事件发生，减少质量不合格的材料投入使用。因此，对于装饰材料的种类与质量保证材料要求施工各单位必须提供。例如，墙地面地砖、墙地面防水涂料，必须按照施工合同规格来使用，对于不合格的装饰材料，监理员要落实材料退场情况并做图文记录。

（4）控制施工质量，严格按照相关规定实施。严格控制墙面涂料涂刷不平现象；控制水电、消防、空调各专业管线布设高度，符合吊顶最低要求；控制轻钢龙骨吊架安全可靠、天花造型及吊顶平整度符合要求；控制墙面基层，缝隙和平整度符合有关规定；控制层面标高，地砖的色彩、规格、拼花图案符合设计要求。

（5）监理师要定期巡视工程质量，在验收检查中发现施工问题，要及时上报，并督促施工单位及时改正。例如，墙面砖出现空鼓现象，乳胶漆开裂等质量问题。

（6）在打压测试中，监理工程师要坚持随叫随到，在打压测试的过程中不间断旁站，检查打压施工是否规范，确保各项设备达到预期要求。

2. 进度控制

（1）监理部进场后，检查施工单位前期施工准备工作是否充分，确认各项配备条件是否齐全，各项施工机械、设备及人员是否到位。

（2）严格审核施工单位编制的进度计划，监理工程师每天进行现场检查与监督，随时了解跟踪进度计划的实施情况，对暴露的问题及时协调解决，协调处理好各种内外关系，确保项目施工顺利进行。

（3）及时分析比较计划进度偏差，从中发现问题，要求施工单位及时采取必要的调整方法和管理措施。

（4）通过工程例会，通报各施工单位每天施工完成情况和未按照施工计划完成的情况，解决施工中的相互协调问题，外协条件配合问题。

（5）按照施工合同要求，及时核实施工单位申报的已完成的分项工程的工程量，签发进度款的付款凭证，保证工程款及时到位。

（6）随时整理工程进度资料，做好工程监理记录，并要求各施工单位同步上报施工资料。

3. 投资控制

在施工前，应认真研读图纸，在保证工程各功能使用的情况下，严格控制现场签证和图纸修改。其次，在各方协调与设计单位同意、不损害装饰工程质量的前提下，对部分施工项目更改装饰材料，可以节省部分投资。

监理工作总结应由总监理工程师，组织各专业监理工程师共同撰写，因为它是对外的文件，代表了监理企业的工作状况，必须全面对监理工作做出评价，既对业主负责有个完整的交代，又是树立监理企业形象的机会之一，必须认真对待。

R 补充要点

监理工作总结的主要内容

1. 向业主提交的监理工作总结。包括监理委托合同履行情况概述；监理任务或目标完成情况的评价；业主提供的监理活动使用的办公用房、交通设备、实验设施等的清单；表明监理工作终结的说明。

2. 向社会监理单位提交的工作总结。包括监理工作的经验。可采用的某种技术方法或经济组织措施的经验以及签订合同、协调关系的经验，监理工作中存在的问题及改进的建议等。

第四节　会议纪要

会议纪要是在会议记录基础上经过加工、整理出来的一种记叙性和介绍性的文件。包括会议的基本情况、主要精神及中心内容、参会人员、组织单位等，便于向上级汇报或向有关人员传达及分发。整理加工时或按会议程序记叙，或按会议内容概括出来的几个问题逐一叙述。纪要要求会议程序应清楚、目的明确、中心突出、概括准确、层次分明、语言简练。

一、记录方法

根据会议性质、规模、议题等不同，主要有以下几种书写方法。

1. 集中概述法

这种写法是把会议的基本情况，讨论研究的主要问题，与会人员的认识、议定的有关事项（包括解决问题的措施、办法和要求等），用概括叙述的方法，进行整体的阐述与说明。这种写法多用于召开小型会议，而且讨论的问题比较集中单一，意见比较统一，容易贯彻操作，篇幅相对短小。如果会议的议题较多，可分条列述。

2. 分项叙述法

召开大中型会议或议题较多的会议，一般采取分项叙述的办法，即把会议的主要内容分成几个大的问题，然后另标上号或小标题，分项来写。这种写法侧重于横向分析阐述，内容相对全面，问题也说得比较细，常常包括对目的、意义、现状的分析，以及目标、任务、政策措施等的阐述。这种纪要一般用于需要基层全面领会、深入贯彻的会议。

3. 发言提要法

这种写法是把会上具有典型性、代表性的发言加以整理，提炼内容要点和精神实质，按照发言顺序或不同内容，分别加以阐述说明。这种写法能如实反映与会人员的意见。某些根据上级机关布置，需要了解与会人员不同意见的会议纪要，可采用这种写法。

二、会议纪要编写格式（表9-4）

表9-4　　　　　　　　　　　　　会议纪要范本

时间		地点	
会议主题			
组织单位			
参会人员			
会议内容			
备注			

第五节　建筑装饰分部工程施工形成的资料

建筑装饰分部工程施工包含抹灰工程、门窗工程、吊顶工程、隔墙工程、涂饰工程、裱糊与软包工程、幕墙工程、细部工程等，在施工过程中，需要记录施工细节、时间、突发状况、验收情况等。

一、抹灰隐蔽工程质量验收记录（表9-5）

表9-5　　　　　　　　　　　　　　　　抹灰隐蔽工程质量验收记录

单位（子工程）工程名称		分部（子分部）工程名称			
总承包施工单位		项目负责人		验收部位	
专业承包施工单位		项目负责人		施工图名称、图号	
检查项目	施工单位自检记录	监理单位验收意见		验收日期	备注
1. 基层表面					
2. 材料品种、性能					
3. 操作要求					
施工单位检查评定结果	专业质量员： 项目负责人： 　　　　年　月　日		建设单位验收结果	总监理工程师（盖章）： 专业监理工程师： 项目技术负责人： 　　　　　　年　月　日	

二、门窗隐蔽工程质量验收记录（表9-6）

表9-6　　　　　　　　　　　　　　　　门窗隐蔽工程质量验收记录

单位（子工程）工程名称		分部（子分部）工程名称			
总承包施工单位		项目负责人		验收部位	
专业承包施工单位		项目负责人		施工图名称、图号	
检查项目	施工单位自检记录	监理单位验收意见		验收日期	备注
1. 预埋件、锚固件					
2. 防腐、间隙、密封处理					
3. 型材厚度					
施工单位检查评定结果	专业质量员： 项目负责人： 　　　　年　月　日		建设单位验收结果	总监理工程师（盖章）： 专业监理工程师： 项目技术负责人： 　　　　　　年　月　日	

三、吊顶隐蔽工程质量验收记录（表9-7）

表9-7　　　　　　　　　　　　　吊顶隐蔽工程质量验收记录

单位（子工程）工程名称			分部（子分部）工程名称			
总承包施工单位			项目负责人		验收部位	
专业承包施工单位			项目负责人		施工图名称、图号	
检查项目	施工单位自检记录		监理单位验收意见		验收日期	备注
1. 龙骨防火、防腐处理						
2. 龙骨、吊杆安装						
3. 吊顶内填充材料						
施工单位检查评定结果	专业质量员： 项目负责人： 　　　　　　　年　月　日			建设单位验收结果	总监理工程师（盖章）： 专业监理工程师： 项目技术负责人： 　　　　　　　年　月　日	

四、轻质隔墙隐蔽工程质量验收记录（表9-8）

表9-8　　　　　　　　　　　　轻质隔墙隐蔽工程质量验收记录

单位（子工程）工程名称			分部（子分部）工程名称			
总承包施工单位			项目负责人		验收部位	
专业承包施工单位			项目负责人		施工图名称、图号	
检查项目	施工单位自检记录		监理单位验收意见		验收日期	备注
1. 预埋件、拉结筋						
2. 龙骨安装						
3. 隔墙中设备管线						
4. 隔墙中水管试压						
施工单位检查评定结果	专业质量员： 项目负责人： 　　　　　　　年　月　日			建设单位验收结果	总监理工程师（盖章）： 专业监理工程师： 项目技术负责人： 　　　　　　　年　月　日	

五、防水层隐蔽工程质量验收记录（表9-9）

表 9-9　　　　　　　　　　　防水层隐蔽工程质量验收记录

单位（子工程）工程名称		分部（子分部）工程名称			
总承包施工单位		项目负责人		验收部位	
专业承包施工单位		项目负责人		施工图名称、图号	
检查项目	施工单位自检记录	监理单位验收意见		验收日期	备注
1. 外观质量					
2. 细部构造					
3. 蓄水试验					
施工单位检查评定结果	专业质量员： 项目负责人： 　　　　　　年　月　日		建设单位验收结果	总监理工程师（盖章）： 专业监理工程师： 项目技术负责人： 　　　　　　年　月　日	

六、防腐漆隐蔽工程验收记录（表9-10）

表 9-10　　　　　　　　　　　防腐漆隐蔽工程验收记录

单位（子工程）工程名称		分部（子分部）工程名称			
总承包施工单位		项目负责人		验收部位	
专业承包施工单位		项目负责人		施工图名称、图号	
检查项目	施工单位自检记录	监理单位验收意见		验收日期	备注
1. 基层验收					
2. 涂饰厚度					
3. 附着力测试					
施工单位检查评定结果	专业质量员： 项目负责人： 　　　　　　年　月　日		建设单位验收结果	总监理工程师（盖章）： 专业监理工程师： 项目技术负责人： 　　　　　　年　月　日	

七、幕墙隐蔽工程质量验收记录（表9-11）

表 9-11　　　　　　　　　　幕墙隐蔽工程质量验收记录

单位（子工程）工程名称		分部（子分部）工程名称			
总承包施工单位		项目负责人		验收部位	
专业承包施工单位		项目负责人		施工图名称、图号	
检查项目	施工单位自检记录	监理单位验收意见		验收日期	备注
1. 三性试验（风压变形、气密、水密性能）					
2. 密封胶与玻璃幕墙的间隙处理					
施工单位检查评定结果	专业质量员： 项目负责人： 　　　　年　月　日		建设单位验收结果	总监理工程师（盖章）： 专业监理工程师： 项目技术负责人： 　　　　年　月　日	

八、细部隐蔽工程质量验收记录（表9-12）

表 9-12　　　　　　　　　　细部隐蔽工程质量验收记录

单位（子工程）工程名称		分部（子分部）工程名称			
总承包施工单位		项目负责人		验收部位	
专业承包施工单位		项目负责人		施工图名称、图号	
检查项目	施工单位自检记录	监理单位验收意见		验收日期	备注
1. 预埋件					
2. 护栏与预埋件的连接节点					
施工单位检查评定结果	专业质量员： 项目负责人： 　　　　年　月　日		建设单位验收结果	总监理工程师（盖章）： 专业监理工程师： 项目技术负责人： 　　　　年　月　日	

本章小结

随着建筑装饰工程的推进，工程资料越来越多，需要监理工程师检验审核的资料也越来越多，因此，统一编写格式十分重要，整个建筑工程资料简单易懂、收纳方便。其次，建筑工程资料具有保密性，不可外泄。在整个装饰工程中，保存建筑资料也十分重要。

课后练习

1. 项目监理规划性文件有哪些？
2. 如何区分监理大纲、监理规划、监理实施细则？
3. 监理日志的作用是什么？
4. 建筑装饰分项工程中有哪些主要施工要点？
5. 监理规划除了基本作用外，还具有哪方面的作用？
6. 如何编写监理日志，编写重点是什么？
7. 请简要分析监理日志与监理月报的共同点。
8. 请分析监理大纲、监理规划、监理实施细则三者的异同点。
9. 请讨论建筑装饰资料对整个装饰工程的影响，意义是什么？
10. 请以参与过的建筑装饰工程为例，做一份完整的监理总结报告。

第十章

监理综合实训

PPT 课件

》 学习难度：★ ★ ★ ☆ ☆

》 重点概念：监理日志、通知单、旁站记录、监理依据

》 章节导读：在成为正式的工程监理人员之前，需要进行监理实习，掌握监理工作的主要
技能、熟悉监理人员的工作流程，获取一定的监理经验，才能胜任监理工程
师一职。因此，成为正式的监理人员之前，参与监理综合实训是必不可少的
环节，有利于今后开展监理工作，积累监理经验。

第一节 现场观摩监理工作

一、现场监理人员日常工作程序

1．巡视检查

（1）每日巡视不少于2次，要做到全面、仔细、认真。

（2）发现问题，及时解决。

（3）巡视情况记入当日监理日记。

2．监理日志

（1）巡视中发现的问题及解决方法，当日工作中发生的事件、活动，真实客观、完整地记录下来。

（2）客观反映所监理工作情况，并为工程质量和现场监理活动的追溯提供依据。

（3）逐日填写，字迹清晰，用碳素笔或钢笔填写。

（4）要注明工程名称、日期、天气情况、监理人员姓名。

（5）每15天要有总监理师评价及签署意见。

3．现场例会

（1）由总监理师或专业监理师组织，有建设单位、承包单位等相关人员参加的现场协调会。

（2）一般每周召开一次。

（3）建设单位或承包单位如临时召开专题会议，应向监理处提交会议主题、与会单位、人员、召开时间的书面请求。

（4）监理处确定有必要召开后，应在一天内与有关单位协商，取得一致意见后，发出会议通知。

（5）现场协调会/专题会会议纪要由总监签字并盖项目部章，与会人员签到表由监理处保存，工程竣工后归入监理文件包。

4．工作联系单

（1）监理工作联系单须明确联系事由、具体内容、要求采取的措施及监理意见。

（2）发出监理工作联系单后，专业监理师应及时联系有关单位查询处理意见。

（3）发出的监理工作联系单，必须签名盖章并填写监理文件发放记录。

（4）监理工作联系单的主要内容记入监理日志。

（5）监理工作联系单在工程竣工后归入监理文件包。

5．监理通知单

（1）监理工作联系单须明确联系事由、具体内容、要求采取的措施及监理意见。

（2）下发监理通知单后，施工单位应在规定的期限内整改并回复。

（3）发出的监理通知单必须签名盖章并填写监理文件发放记录。

（4）监理通知单在工程竣工后归入监理文件包。

6．安全检查

（1）天天巡查，协助建设单位组织定期的安全大检查。

（2）落实监理工作中安全文明控制工作的内容和要点。

（3）现场检查特殊工种持证上岗情况及安全保护措施。

（4）检查现场施工是否有违章、违纪情况、是否符合安全管理制度。

（5）落实文明施工管理的具体内容。

（6）定期检查安全记录表。

7．旁站记录

（1）现场旁站监督关键部位、关键工序的施工方案及工程建设强制性标准的情况。

（2）检查进场建筑材料、建筑构配件、设备和混凝土的质量检验报告等，并可在现场监督承包单位进行检验或委托具有资质的第三方进行复检。

8. 监理月报

（1）主要内容。

①本月工程描述概况。

②本月工程进度完成情况。包括：形象进度、计划完成情况、实际完成情况，对进度完成情况的分析。

③本月工程质量情况评估。包括：各分项工程施工情况、发现的问题及问题处理情况。

④本月工程签证情况。包括：会议纪要、工程质量签证、监理工程师通知单、试验报告等材料的情况。

⑤本月工程安全控制情况，本月施工安全措施执行情况、安全事故及处理情况，对存在的问题采取的措施等。

⑥工程计量与工程款支付、合同及其他事项的处理情况。

⑦本月监理工作小结。包括对本月工程质量、进度、计量与支付合同管理其他事项、施工安全、监理机构状况的综合评价。

⑧下月监理工作计划。包括监理工作重点，在质量、进度、投资、合同其他事项和施工安全等方面需采取的预控措施等。

（2）总监理工程师应组织编制监理月报，报技术部审核后，总监理签字盖章，报建设单位。

二、现场监理工作流程图（图10-1）

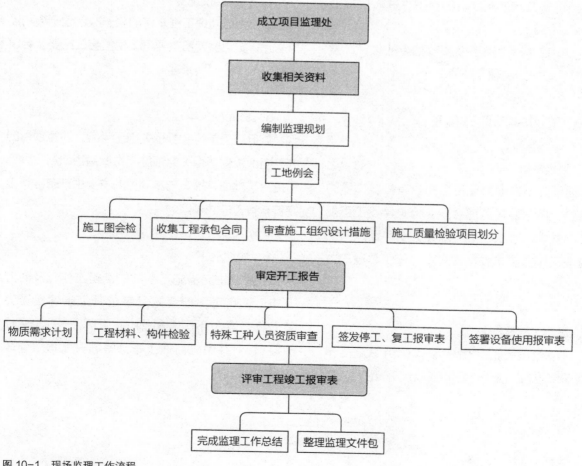

图 10-1　现场监理工作流程

第二节 监理实习

一、实习监理员的主要工作内容

（1）实习监理员应在专业监理工程师的指导下开展现场监理工作。

（2）做好监理日记和有关的监理记录。

（3）按设计图及有关施工标准，对承包单位的工艺过程或施工工序进行检查和记录，对加工制作及工序、施工质量检查结果进行记录。

（4）实习监理员复核或从施工现场直接获取工程计量的有关数据，需要签署原始凭证。

（5）在各项工程中担任旁站工作，发现施工中存在的问题，及时指出并向专业监理工程师报告。

（6）检查承包单位投入工程项目的人力、材料、主要设备及其使用、运用状况，并做好检查记录。

（7）实习监理没有下发整改指令的权利，发现问题要及时报告监理工程师。

二、施工前期实习监理员工作

1. 收集资料

监理单位是由项目业主委托具有相应资质的监理单位，根据委托监理合同、相关建设工程规范、标准要求，对工程进行监理，实习监理员的前期监理工作主要是收集资料及对施工阶段的监理工作。

2. 了解工程概况

监理单位进场时，由建设单位组织施工单位、监理单位召开第一次工地例会，介绍工程概况，建设意图，各参建单位基本情况、人员组织等。

3. 熟悉图纸、参与编制、整理资料

（1）作为实习监理员，在施工前期的工作主要是熟悉设计图纸、工程相关规范、标准、施工工艺。

（2）参与总监理工程主持编制的监理规划、监理实施细则及相关专业监理实施方案。

（3）深刻领会和了解监理规划及实施细则、专项监理方案及监理程序，收集前期监理资料。

4. 记录会议纪要

参加由总监理工程主持的第一次监理例会和监理交底，实习监理员主要记录相关会议纪要，会议纪要应主次分明、条理清晰。

5. 督促相关单位

督促施工单位完善相关施工手续，注意项目的施工组织设计与相关专项施工方案是否编制，并经总监审核批准，检查与本项目的安全生产条件是否完善，有无应急预案。

6. 协助业主

协助业主完善施工前期的准备工作，及时办理施工许可证，检查施工单位开工条件是否完善（如三通一平、人机到位、五牌一图、现场围挡等），并由总监理工程师签署开工报告（表10-1）。

表 10-1　　　　　　　　　　　　　　　　　　开工报告范本

工程名称			工程编号	
建设单位			施工单位	
开工时间			竣工时间	
工程概况				
施工图纸交付情况				
材料设备到场情况				
施工工地"三通一平"情况				
施工组织设计编制审批情况				
施工预算编制及工程合同签订情况				
其他事项（备注）				
建设单位（盖章）： 负责人（签字）： 　　　　年　月　日	监理单位（盖章）： 负责人（签字）： 　　　　年　月　日		施工单位（盖章）： 负责人（签字）： 　　　　年　月　日	
工程项目负责人（签字）：				

三、施工过程中实习监理员工作

施工过程是工程建设的核心，是工程质量、进度、投资、安全及成败的关键，作为实习监理员，在施工过程中的工作是责任心与细心，要认真对待施工过程中各项监理工作。

1. 人员组织

督促施工单位配备与工程建设相应的专业队伍，施工前由施工单位对施工人员认真进行各个工序、各个工作面的技术交底和安全技术交底、教育，并按照经批准的施工组织设计或专项施工方案组织施工。

2. 材料控制

进场原材料必须按照规范要求进行取样或见证送检，并对材料进行检查和验收，未经检测合格或监理验收合格的材料，严禁用在工程上。

3. 基础施工监理

监理人员首先对定位放线及轴线进行复核，确保在允许偏差内，并认真审核图纸，按施工规范和设计要求检查各开挖面的标高、几何尺寸、钢支撑间距、钢筋绑扎、模板的安拆、混凝土成型养护、脚手架搭设等情况，基础施工人员、机械设备、应急物资都应基本到位，按照基础施工方案有条不紊施工。基坑、孔桩持力层必须经地勘部门验收合格，各工序经监理检查验收方可进行下道工序的施工，基础分部工程及各子分部各分项工程完工后，应做好验收工作，以保证主体施工前的准备工作。

4. 主体结构施工

本阶段是工程的重点，主体结构施工应对结构钢筋数量、规格、型号、搭接、焊接进行检查，并抽查模板支撑体系是否有足够的强度、刚度及稳定

性，是否按专项施工方案搭设，施工时要随时抽查混凝土配合比及坍落度，如果采用商品混凝土，要

检查随车混凝土配比，坍落度，按要求进行取样，检查混凝土的振捣密实及养护情况。

第三节　编制建筑装饰工程监理规划

一、工程概况

（1）工程名称。

（2）工程地址。

（3）设计单位。

（4）建设单位。

（5）监理单位。

（6）施工单位。

（7）计划工期。

（8）工程特点。

二、主要内容与范围

1. 监理工作的范围

（1）涉及本工程建设施工阶段的投资、进度、质量、安全控制施工单位与业主之间的协调工作、合同管理和信息管理及相关工作。

（2）本工程施工图纸所涉及的土建工程、安装工程等范围内的施工监理工作。

2. 参加施工图会审

（1）审查承建商提出的施工组织设计、施工技术方案、施工进度计划、施工质量保证体系和施工安全保证体系。

（2）督促、检查承建商严格执行工程承包合同和国家安全技术规范、标准，协调业主和承建商之间的关系。

（3）审核承建商或业主提供的材料、购配件和设计的数量及质量。

（4）根据施工进度计划协助业主编制用款计

划，审核经质量验收合格的工程量，并签证工程款支付申请表，协助业主进行工程竣工结算工作。

（5）审批承建商报送的施工总进度计划；审批承建商编制的月度及周施工计划；分阶段协商施工进度计划，及时提出调整意见，督促承建商实施进度计划。

（6）督促承建商严格按现行规范、规程，强制性质量控制标准和设计要求施工，控制工程质量。

（7）督促、检查承建商落实安全保证措施。

（8）组织分项工程和隐蔽工程的检查、验收、签发工程付款凭证。

（9）负责施工现场签证。

（10）督促承建商整理合同文件和技术档案资料。

（11）参加业主组织的工程竣工初步验收。

（12）提出工程质量评估报告。

（13）参加工程验收，协助业主审查工程结算。

（14）检查工程状况，参与鉴定质量责任。

（15）督促承建商回访。

（16）督促承建商及时完成未完工程尾项，维修工程出现的缺陷。

三、工作依据

1. 工程方面的法律与法规

（1）国家颁发的对应该工程的法律、法规和政策。

（2）工程标准、规范、技术规程等。

（3）工程所在地或所属部门颁发的工程相关的法律、法规和政策。

2. 工程外部环境调查研究资料

（1）自然条件方面的资料，包括工程所在地的水文、气象、地理、风俗等。

（2）社会和经济条件方面，包括工程所在地政治环境、治安环境、市场参建单位的情况、交通、材料市场等。

3. 政府批准的工程文件

如政府规划部门确定的环境保护要求，市场管理规划等。

4. 工程监理合同

工程监理合同是指工程建设单位聘请监理单位代其对工程项目进行管理，明确双方权利、义务的协议。建设单位称委托人，监理单位称受托人（表10-2）。

表 10-2 监理工程合同

| 建设单位：＿＿＿＿＿＿＿＿＿＿＿＿ |
| 监理机构：＿＿＿＿＿＿＿＿＿＿＿＿ |
| 合同编号：＿＿＿＿＿＿＿＿＿＿＿＿ |
| 合同名称：＿＿＿＿＿＿＿＿＿＿＿＿ |
| 依据国家有关法律、法规，＿＿＿＿＿＿＿＿＿（委托人，名称），委托＿＿＿＿＿＿＿＿＿（监理机构）提供＿＿＿＿＿＿＿＿＿（工程名称）监理服务，经双方协商一致，订立本合同。 |
| 一、工程概况 |
| 1. 工程名称：＿＿＿＿＿＿＿ |
| 2. 建设地点：＿＿＿＿＿＿＿ |
| 3. 工程级别：＿＿＿＿＿＿＿ |
| 4. 工程总投资金额：＿＿＿＿＿＿＿万元 |
| 5. 约定工期：＿＿＿＿＿＿＿ |
| 二、监理范围 |
| 1. 监理项目名称：＿＿＿＿＿＿＿ |
| 2. 监理内容：＿＿＿＿＿＿＿ |
| 三、附件 |
| 委托单位：（全称及盖章）　　　　　　　　　　　　　　　　监理机构：（全称及盖章） |
| 日期：　　　　　　　　　　　　　　　　　　　　　　　　日期： |

5. 其他工程合同

（1）按承发包方式分：勘察设计或施工总承包合同、单位工程承包合同、工程项目总承包合同。

（2）按承包工程计价方式分类：总价合同、单位合同、成本加酬金合同。

（3）与建设工程有关的其他合同：建设工程委托监理合同、建设工程物资采购合同、建设工程保险合同、建设工程担保合同。

（4）按工程建设阶段分为：工程勘察合同、工程设计合同、工程施工合同。

6. 其他

（1）业主的正当要求。

（2）监理大纲。

（3）工程实施输出的有关工程信息，包括类似工程的监理经验。

（4）与工程相关的设计文件、技术资料。

四、监理目标

监理机构将根据技术标准、规范、规程、质量验收标准和设计图纸、文件等为依据，以严格的监理方法，完善承包商自检和监理单位抽检的质量保证体系，一丝不苟地进行中间验收与现场验收。其次，重视事前预防的环节监理，确保工程质量达到设计方要求的等级。

1. 投资目标

投资目标是审核工程概预算，通过对投资总目标值进行切块分解，在实施过程中对各个阶段的动态跟踪管理，确保各阶段投资的实际值不突破计划目标值，从而控制工程实际结算值不突破投资期望值。

2. 进度目标

进度目标是通过编制工程总进度计划和对承包单位提供的进度计划进行审核，对各个阶段的进度目标跟踪管理，尤其是对施工阶段的管理。通过合理安排劳动力、施工机械、施工材料，控制与调整各个工序的开工、竣工时间，从实际上确保施工天数不突破计划工期。

3. 质量目标

质量目标是通过合理审查施工方案，对施工质量进行全方位跟踪监督，贯穿整个施工过程，及时解决施工中存在的质量问题，确保各分部分项工程的施工质量。使工程总体质量符合施工质量验收标准，实现《施工承包合同》确定的质量目标。

4. 保修阶段工作目标

提供完善的保修期服务，及时迅速地解决项目出现的问题，提供使用期的技术咨询，确保本工程建筑功能达到设计要求。

五、建立组织方案

1. 现场监理组织机构（图10-2）

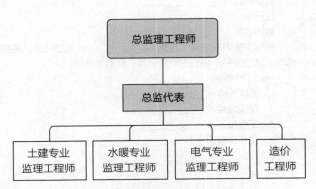

图 10-2　现场监理组织机构示意图

2. 现场监理人员配置（表10-3）

表 10-3　　　　　　　　　　　场监理人员配置表

姓名	岗位	职称	监理方式	证件号

3. 各级监理人员主要职责

（1）总监理工程师。

①确定项目监理机构人员的分工和岗位职责。

②主持编写项目监理规划、审批项目监理实施细则，管理项目监理机构的日常工作。

③审查分包单位的资质，并提出审查意见。

④检查和监督监理人员的工作，根据工程项目的进展情况可进行人员调配，对不称职的人员应调换工作。

⑤主持监理工作会议，签发项目监理机构的文

件和指令。

⑥审定承包单位提交的开工报告、施工组织设计、技术方案、进度计划。

⑦审核签署承包单位的申请、支付证书和竣工结算。

⑧审查和处理工程变更。

⑨主持或参与工程质量事故的调查。

⑩调解建设单位与承包单位的合同争议、处理索赔、审批工期延期。

⑪组织编写并签发监理月报、监理工作阶段报告、专题报告和项目监理工作总结。

⑫审核签认分部工程和单位工程的质量检验评定资料，审查承包单位的竣工申请，组织监理人员对待验收的工程项目进行质量检查，参与工程项目的竣工验收。

⑬主持整理工程项目的监理资料。

（2）总监代表。

①总监理工程师可以将合同赋予自己的责任和权利，委托给总监理工程师代表，由其履行和行使由总监理工程师赋予的权利，并可在任何时候撤回委托，但应在把副本送交甲方和施工承包人之后生效。

②总监理工程师委托总监代表的责任和权利应符合《建设工程监理规范》。

③由总监理工程师代表按此委托送交施工承包人的函件，应与总监理工程师送交的函件具有同等权利。

④总监理工程师没有对任何材料、设备和施工工艺等提出否定意见，应不影响总监理工程师以后对该材料、设备和施工工艺等提出否定意见并发生进行改正指示的权利。

⑤甲方或施工承包人对总监理工程师代表的处理方式或函件如有疑问，可向总监理工程师提出，总监理工程师应进行确认、否定或更改。

⑥总监理工程师或总监理工程师代表可以指派具有相应资格的工程师和监理员对工程进行监督检查，监理员出于监理要求发出的指示，应视为已得

到总监理工程师代表同意。

⑦负责总监理工程师交办的其他工作。

（3）专业监理工程师。

①熟悉掌握施工图和设计意图、施工工艺和操作规程、工程质量验收标准及有关的法规和条例。

②参加施工图纸和文件、施工组织设计（或施工方案）、施工质量保证体系、采用的新技术、新工艺、新材料等的审核，编写监理细则。

③确认进场的施工机具的性能、规格、数量的适用性。

④以跟踪、旁站等方式，现场检查工程施工质量，特别是隐蔽工程，在施工方自检合格的基础上，进行复验。对经复验合格的部位签署隐蔽工程验收单，批准进行下道工序。

⑤对于达不到要求的施工作业，经口头提出，未及时整改的，可提出施工质量整改通知单。处理一般质量事故的，参与重大质量或安全事故的调查，并提供有关情况。

⑥审核承包方提交的施工总进度计划、月度施工计划、工程量申报表及付款申请表，为总监理工程师的确认提供依据。

⑦审核承包方提交的技术核定单、索赔申请表和工期延长申请单，并就此进行调查研究，为总监理工程师的确认提供依据。

⑧配合相关专业的监理工程师开展测量、材料、成品、半成品、构件、设备等的复核检验、抽检和复试工作。

⑨做好监理日记。

⑩在施工现场发现问题（质量、进度、协调），应及时向总监汇报，以便及时做出反应，并在总监理工程师的授权下进行处理。

（4）现场监理员。

①负责进场材料、构件、半成品、机械设备等的质量检查。

②旁站监理、跟踪检查。

③负责现场施工安全、防火的检查监督。

④负责工程计量、验收及签署原始记录。

⑤工序间交接检查、验收及签署。

⑥坚持记录监理日记、及时如实填写原始记录。

⑦及时报告现场发生的质量事故、安全事故和异常情况。

第四节　索赔报告书写

一、索赔成立理由

（1）与合同对照，工期延误已造成了承包人工程项目成本的额外支出或直接工期损失。

（2）造成费用增加或工期损失的原因，按合同约定不属于承包人的行为责任或风险责任。

二、索赔的依据

按照现行法律法规、合同文件及工程惯例，因发包人原因导致工期延期外借土方不到场情况，对工期进行索赔。

三、索赔事项概述

索赔事项概述一般从以下四个方面进行总体概述。

1. 索赔事件总论

总论部分的阐述要求简明扼要，说明问题，一般包括序言、索赔事项概述、具体索赔要求。

2. 索赔根据

索赔根据主要是说明自己具有索赔的权利，这是索赔能否成立的关键。该部分的内容主要来自该工程的合同文件，并参照有关法律规定。

3. 索赔费用及工期计算

索赔计算的目的，是以具体的计算方法和计算过程，说明自己应得的经济补偿的款项或延长的工期。

4. 索赔证据

索赔证据包括该索赔事件所涉及的一切证据材料，以及对这些证据的说明。证据是索赔报告的重要组成部分，没有翔实可靠的证据，索赔是不可能成功的。

四、索赔项目

1. 人工费

由于非施工单位责任导致的工效降低所增加的人工费用；法定的人工费增长以及非施工单位责任工程延误导致的人员窝工和工资上涨费。

2. 施工机械费

因索赔事件发生，额外工作增加的机械使用费，工效降低以及机械停工、窝工的费用，现场使用机械均为租赁设备，按照实际租金计算。

3. 管理费

因索赔事件发生，额外增加的现场管理和公司管理费，按照合同约定的单位时间内现场管理率乘以延长工期计算。

4. 利息

主要为履约保证金拖期付款利息。按照中国人民银行规定的同期贷款利率计算。

5. 措施费

措施费包含环境保护、临时设施、安全、文明施工费用和大机进出场及安拆费。按照合同约定的单位时间内现场管理率乘以延长工期计算。工程变更的索赔包含成本、管理费和利润的索赔。

五、索赔计算方法

1. 总费用法

总费用法是通过计算出索赔工程的总费用，减去原合同报价，即可得出索赔金额。这种计算方法简单但不尽合理，因为实际完成工程的总费用中，可能包括由于承包人的原因（如管理不善，材料浪费，效率太低等）所增加的费用，而这些费用不属于索赔范围内；另一方面，原合同价也可能因工程变更或单价合同中的工程量变化等原因，而不能代表真正的工程成本。因此，总费用法往往容易引起争议，故一般不常用。但是在某些特定条件下，当需要具体计算索赔金额很困难，甚至不可能时，也有采用此法的。这种情况下，应具体核实已开支的实际费用，取消其不合理部分，以求接近实际情况。

2. 实际费用法

实际费用法是根据索赔事件所造成的损失或增加的成本，按费用项目逐项进行分析、计算索赔金额的方法。这种方法比较复杂，但能客观地反映施工单位的实际损失，比较合理，易于被当事人接受，在国际工程中被广泛采用。实际费用法是按每个索赔事件所引起损失的费用项目，分别分析计算索赔值的一种方法，通常分为以下三个步骤：

（1）分析每个或每类索赔事件所影响的费用项目，不得有遗漏。这些费用项目通常应与合同报价中的费用项目一致。

（2）计算每个费用项目受索赔事件影响的数值，通过与合同价中的费用价值进行比较即可得到该项费用的索赔值。

（3）将各费用项目的索赔值汇总，得到总费用索赔值。

3. 修正的总费用法

修正的总费用法在原则上与总费用法相同，计算对某些方面做出相应的修正，以使用结果更趋合理，修正的内容主要有三个方面：

（1）计算索赔金额的时期仅限于受事件影响的时段，而不是整个工期。

（2）只计算在该时期内受影响项目的费用，而不是全部工作项目的费用。

（3）不直接采用原合同报价，而是采用在该时期内如未受事件影响而完成该项目的合理费用。

根据上述修正，可比较合理地计算出索赔事件影响，而实际增加的费用。

六、索赔报告书范本

此项目索赔未提出其他风险和不可预见因素索赔以及其他索赔，主要是因为工期延期索赔所产生的费用（表10-4）。

表 10-4

索赔报告书范本

致：＿＿＿＿＿＿＿＿（监理机构）

　　根据有关规定与施工合同规定，我方对＿＿＿＿＿＿＿事件申请赔偿金额为＿＿＿＿＿＿（大写）＿＿＿＿＿＿（小写），请予批准。

　　附件：索赔报告。主要内容包括：

1. 事件概括。
2. 引用合同条款及其他依据。
3. 索赔计算。
4. 索赔事实发生的当时记录。
5. 索赔支持文件。

承　包　人：（全称及盖章）

项目经理：（签名）

日　　期：

监理机构将另行签发审核意见。

监理机构：（全称及盖章）

签　收　人：（签名）

日　　期：

本章小结

时间是检验真理的唯一标准，在建筑装饰工程中也不例外，作为一名监理人员，需要不断学习，积累相关经验，才能在监理领域有所建树。在成为一名合格的监理人员之前，监理实习是一堂必修课，是对书本上的知识进行实战的环节。因此，本章节从监理实训的角度，对监理实习的工作流程、主要工作内容、范围等方面进行了全面详解，对即将从事监理行业的人员提供有效帮助。

课后练习

1. 请简要说明监理人员的日常工作流程。
2. 实习监理员应当具备哪些职业素养？
3. 监理实习期间，主要工作是什么？
4. 如何编写监理规划书，依据是什么？
5. 编写索赔报告的依据有哪些？
6. 记录监理日志的有哪些注意事项以及规律。
7. 监理组织方案的需要考虑哪些问题？
8. 请简要绘制现场监理人员的等级关系。
9. 请根据工期延误产生的工期索赔费用，编写一份索赔报告书。
10. 通过监理实践，写一篇关于监理工作的实习心得，要求内容真实、思路清晰。

参考文献

REFERENCE DOCUMENTS

[1] 周兰芳. 建筑装饰装修工程监理 [M]. 北京：中国建筑工业出版社. 2003.

[2] 朱学海. 建筑装饰装修工程施工监理实用手册 [M]. 北京：中国电力出版社. 2005.

[3] 何皎皎. 建筑装饰装修工程监理 [M]. 北京：中国建筑工业出版社. 2003.

[4] 陈东佐. 建筑法规概论：第5版 [M]. 北京：中国建筑工业出版社. 2018.

[5] 闫积刚. 建筑法规 [M]. 武汉：武汉大学出版社. 2015.

[6] 李长江. 建设行业专业技术管理人员继续教育教材：建设行业职业道德及法律法规 [M]. 南京：江苏科学技术出版社. 2016.

[7] 刘均鹏. 施工验收监理 [M]. 武汉：华中科技大学出版社. 2015.

[8] 吴薇. 怎样编制装饰装修工程资料 [M]. 北京：中国建材工业出版社. 2014.

[9] 吴锐. 建筑装饰设计 [M]. 北京：机械工业出版社. 2011.

[10] 杜贵成. 装饰装修工程监理细节100 [M]. 北京：中国建材工业出版社. 2008.

[11] 杜爱玉. 装饰装修工程造价工程师一本通 [M]. 北京：中国建材工业出版社. 2014.

[12] 游浩. 建筑监理员专业与实操 [M]. 北京：中国建材工业出版社. 2015.

[13] 装饰装修工程造价员培训教材编写组. 装饰装修工程造价员培训教材：第2版 [M]. 北京：中国建材工业出版社. 2014.

[14] 平国安，夏吉宏，顾星凯. 装饰工程项目管理 [M]. 沈阳：辽宁美术出版社. 2017.

[15] 王彬. 装饰装修与幕墙 [M]. 武汉：华中科技大学出版社. 2009.

[16] 王作成. 建筑工程施工质量检查与验收 [M]. 北京：中国建材工业出版社. 2014.